●対称な図形
① つり合いのとれた〔　　　〕
Ⅰ　線対称

時間 15分 ／ 合格 80点 ／100

サクッと
こたえ
あわせ

教 79ページ

[線対称な図形では、二つ折りにすると、ぴったり〔　　〕]

❶ 下の図形のうち、線対称な図形をすべて選んで記号で〔　　〕

📖教 9〜10ページ❶　30点

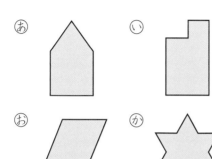

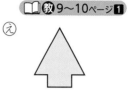

（　あ、　　　　　　　　　　　　）

[線対称な図形で、対応する辺や角や点は、二つ折りにしたとき、重なります。]

❷ 右の図は線対称な図形で、直線アイは対称の軸です。　📖教 10〜12ページ❷、⚠

40点（1つ10）

① 点A、点Dに対応する点は、それぞれどれですか。

点A（　　点C　　）　点D（　　　　　）

② 辺CDの長さは何cmですか。

（　　　　　　　）

③ 対称の軸は、直線アイのほかに何本ありますか。

（　　　　　　　）

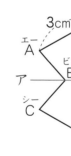

❸ 右の図で、直線アイが対称の軸になるように、線対称な図形をかきましょう。　📖教 13ページ❹　30点

頂点から対称の軸に
垂直な直線をひいてみましょう。

 時間 **15分** | 合格 **80点** | /100 |  月　日

● 対称な図形
① **つり合いのとれた図形を調べよう**
2　点対称

答え **79**ページ

[点対称な図形では、1つの点のまわりに 180°回転させると、もとの図形にぴったり重なります。]

1 次の図形のうち、点対称な図形をすべて選んで記号で答えましょう。

📖教14ページ❶　30点

　あ　　　　い　　　　う　　　　え

　お　　　　か　　　　き　　　　く

(あ、　　　　　　　　　　　)

[点対称な図形では、対称の中心から対応する2点までの長さは等しくなっています。]

2 右の図は点対称な図形で、点Oは対称の中心です。　📖教15〜17ページ❷、❸

40点(1つ10)

① 次の点や辺に対応する点や辺はどれですか。

点A(点E)　　　　辺GH(　　　)

② 直線HOの長さが2cmのとき、直線DO
の長さは何cmですか。

(　　　　)

③ 点Jに対応する点Ｋを図形の中へかきましょう。

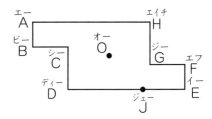

3 右の図で、点Oが対称の中心になるように、点対称な図
形をかきましょう。　📖教18ページ❹　　　30点

点対称な図形では、
何と何が等しいのかな。

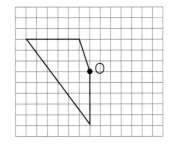

2

教科書 📖 **14〜19ページ**

時間 15分 ｜ 合格 80点 ／100 ｜ 月 日

●対称な図形
① **つり合いのとれた図形を調べよう**
3 多角形と対称

答え 79ページ

[対称な図形になるかどうかは、対称の軸や、対称の中心を図にかき入れて調べましょう。]

❶ 下の四角形について、次の問題に答えましょう。　📖教20〜21ページ❶

70点(①1つ6、②10)

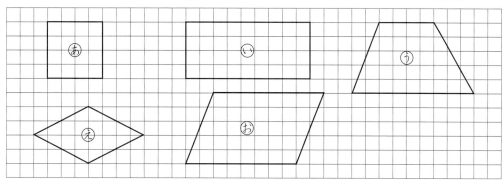

① 線対称な図形はどれですか。また、点対称な図形はどれですか。あてはまるものに○、あてはまらないものには×をつけましょう。

		線対称	点対称
あ	正 方 形	○	
い	長 方 形		
う	台 形		
え	ひ し 形		
お	平行四辺形		

② 正方形の対称の軸を、上のあの図の中へすべてかき入れましょう。

❷ 下の正多角形について、次のことを調べましょう。　📖教20〜21ページ❶　30点(1つ15)

あ 　　い　　う

① 線対称な図形はどれですか。すべて選んで記号で答えましょう。

（　　　　　　　　）

② 点対称な図形はどれですか。記号で答えましょう。

（　　　　　　　　）

サクッと
こたえ
あわせ

答え 80ページ

●対称な図形
① つり合いのとれた図形を調べよう

1 下の図で、①では直線アイが対称の軸となるように線対称な図形をかきましょう。②では点O（オー）が対称の中心となるように点対称な図形をかきましょう。 20点（1つ10）

①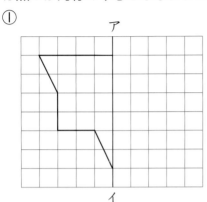

②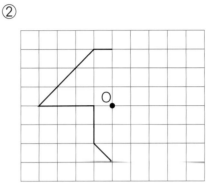

2 右の図形は、線対称な図形です。 40点（1つ8）

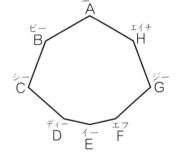

① 右の図に、対称の軸をかきましょう。

② 辺 BC に対応する辺、角 B に対応する角をそれぞれ答えましょう。

　　⑦ 辺 BC（　　　　　　）　⑦ 角 B（　　　　　　）

③ 対称の軸と直線 CG が交わる点を M とします。次の
　　　　に、2つの直線の関係を表すことばを書きましょう。

　　⑦ 直線 CG と直線 AE は　　　　　　に交わる。

　　⑦ 直線 CM と直線 MG の長さは　　　　　　。

3 右の図形は、点対称な図形です。 40点（1つ8）

① 右の図に、対称の中心Oをかきましょう。

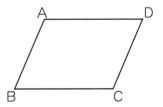

② 辺 CD に対応する辺、角 B に対応する角をそれぞれ答えましょう。

　　⑦ 辺 CD（　　　　　　）　⑦ 角 B（　　　　　　）

③ 次の　　　にあてはまる記号やことばを書きましょう。

　　⑦ AO　　　CO

　　⑦ 三角形 ABC と三角形 CDA は　　　　　　になっている。

教科書 📖 8～23ページ

きほんの ドリル → 5。

時間 **15**分 | 合格 **80**点 | /**100**

答え **80** ページ

サクッと こたえ あわせ

●文字と式
② 数量やその関係を式に表そう……(1)

[いろいろと変わる数のかわりに x を使うと、いくつかの式を１つの式にまとめて表せます。]

1 色紙が 100 枚あります。そこから５人が同じ枚数ずつ使います。 📖教27ページ⚠️

40点(①②1つ10、③式10・答え10)

① １人が８枚ずつ使うときの、残りの色紙の枚数を求める式を書きましょう。

（　　　　　　　）

② １人が x 枚ずつ使うときの、残りの色紙の枚数を式に表しましょう。

（　　　　　　　）

③ １人が 12 枚ずつ使うと、色紙は何枚残りますか。

式

答え（　　　　　　　）

[x や y などの文字を使って、数量の関係を１つの式にまとめて表すことができます。]

2 縦が５cm、横が x cm の長方形があります。面積は y cm² です。

📖教27〜28ページ**2**　30点(1つ10)

① x と y の関係を式に表しましょう。

（　　　　　　　）

② x の値が６のとき、対応する y の値を求めましょう。

（　　　　　　　）

③ y の値が 35 になるときの、x の値を求めましょう。

（　　　　　　　）

3 下の場面で、x と y の関係を式に表しましょう。 📖教28ページ⚠️　30点(1つ10)

① １個 x 円のパンを６個買うと、代金は y 円になりました。

（　　　　　　　）

② 50 cm のリボンから、x cm のリボンを切り取ると、残りの長さは y cm です。

（　　　　　　　）

③ x L のジュースを５人で等分すると、１人分は y L です。

（　　　　　　　）

教科書 📖 **24〜28ページ**

5

● 文字と式
② 数量やその関係を式に表そう……(2)

[文字を使った式を使うと、場面を表すことができます。]

❶ あるテーマパークの利用料金は右の表のようになっています。大人1人の通常の入園料を x 円としたとき、下の①～③の式がどんな料金を表しているか、次の㋐～㋓から選んで、記号で答えましょう。 📖教29ページ❸

60点(1つ20)

〈入園料〉

子ども(小学6年生まで)	500円びき
夕方4時以降の入園	300円びき

〈アトラクション利用料〉

乗り放題券1枚	2000円
乗り物券1枚	100円

① $x \times 4 + 2000 \times 4$ （　　　）

② $x \times 2 + (x - 500) \times 2 + 2000 \times 4$ （　　　）

③ $(x - 300) \times 2 + (x - 500 - 300) \times 2 + 100 \times 10$ （　　　）

㋐ 大人2人と子ども2人が通常の時間に入園し、乗り放題券を4枚買ったときの料金。

㋑ 大人2人と子ども2人が夕方4時以降に入園し、乗り物券を10枚買ったときの料金。

㋒ 大人4人が通常の時間に入園し、乗り放題券を4枚買ったときの料金。

㋓ 大人4人が夕方4時以降に入園し、乗り物券を10枚買ったときの料金。

[わからない数量を文字を使って表すと、その値を求めることができます。]

❷ 右の正方形のまわりの長さは 36cm です。 📖教30ページ❹

40点(1つ20)

① 1辺の長さを x cm として、数量の関係をかけ算の式に表しましょう。

（　　　）

② x にあてはまる数を求めましょう。

（　　　）

x cm

教科書 📖 29～30ページ

● 文字と式
② **数量やその関係を式に表そう**

1 下の場面を式に表しましょう。　　　　　　　　30点(1つ10)

① 1000円札で x 円の本を買ったときのおつり　（　　　　　）

② x m のリボンを6人で等分したときの1人分の長さ　（　　　　　）

③ 分速 x m で16分歩きました。歩いた道のりは y m です。

（　　　　　）

2 次の①～④の式で表される場面を、下の⑦～⊕から選んで、記号で答えましょう。

40点(1つ10)

① $300 - x = y$　（　　　　　）

② $x + 300 = y$　（　　　　　）

③ $300 \times x = y$　（　　　　　）

④ $300 \div x = y$　（　　　　　）

⑦ 300円の品物を x 円安くしてもらいました。代金は y 円になりました。

⑦ 砂糖が300gずつ入ったふくろが x 個あります。砂糖の重さは全部で y g です。

⑦ x 円のケーキを300円の箱に入れます。代金は y 円です。

⊕ 横が x m、面積が300 ㎡ の長方形の土地があります。縦は y m です。

3 右の三角形の面積は 16 ㎠ です。　　　　30点(1つ15)

① 底辺の長さを x cm として、数量の関係を式に
表しましょう。
　　　　　（　　　　　　　）

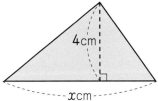

4cm

$x$cm

② x にあてはまる数を求めましょう。
　　　　　（　　　　　　　）

●分数×整数、分数÷整数、分数×分数

③ 分数をかける計算を考えよう

Ⅰ　分数と整数のかけ算、わり算　……（1）

答え 80ページ

[分数×整数の計算は、分母はそのままにして、分子にその整数をかけます。]

❶ 1mの重さが $\frac{2}{7}$ kg の針金があります。この針金2mの重さは、何kgですか。

📖教33〜34ページ❶　4点（1題4）

式　$\frac{2}{7} \times \boxed{2} = \frac{2 \times \boxed{2}}{7} = \boxed{}$　　　　　答え $\boxed{}$ kg

❷ 次の計算をしましょう。📖教34ページ⚠　　　　48点（1つ8）

① $\frac{3}{11} \times 2$　　　　② $\frac{5}{16} \times 3$　　　　③ $\frac{2}{5} \times 2$

④ $\frac{5}{13} \times 6$　　　　⑤ $\frac{7}{5} \times 6$　　　　⑥ $\frac{1}{5} \times 7$

❸ 次の計算をしましょう。📖教35ページ⚠　　　　48点（1つ8）

① $\frac{5}{6} \times 3$　　　　② $\frac{4}{9} \times 6$　　　　③ $\frac{1}{4} \times 2$

④ $\frac{3}{5} \times 5$　　　　⑤ $\frac{5}{6} \times 12$

⑥ $\frac{7}{15} \times 60$

とちゅうで約分できるときは、約分してから計算すると簡単になりますよ。

教科書 📖 32〜35ページ

きほんの
ドリル
→9.

時間 **15**分 | 合格 **80**点 | /100

● 分数×整数、分数÷整数、分数×分数
③ **分数をかける計算を考えよう**
Ⅰ 分数と整数のかけ算、わり算 ……（2）

サクッと
こたえ
あわせ
答え **81**ページ

❶ 2 m の重さが、$\frac{4}{7}$ kg の針金(はりがね)があります。この針金 1 m の重さは何 kg ですか。

📖教36ページ❸ 16点（1つ4）

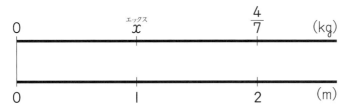

式 $\frac{4}{7} \div \boxed{2} = \frac{4 \div \boxed{2}}{7} = \boxed{}$

答え $\boxed{}$ kg

［分数÷整数の計算は、分子をそのままにして、分母にその整数をかけます。］

❷ $\frac{3}{5} \div 7$ の計算のしかたを考えましょう。 📖教37ページ❹ 24点（1つ4）

$$\frac{3}{5} \div 7 = \frac{3 \times \boxed{}}{5 \times \boxed{}} \div 7 = \frac{3 \times \boxed{} \div 7}{5 \times \boxed{}}$$

$$= \frac{3}{5 \times \boxed{}} = \boxed{}$$

3÷7 はわりきれ
ないね。$\frac{3}{5}$ を、分子
が7でわれる分数に
なおせないかな。

❸ 次の計算をしましょう。 📖教37ページ④ 60点（1つ10）

① $\frac{2}{3} \div 3$

② $\frac{5}{7} \div 2$

③ $\frac{4}{5} \div 2$

④ $\frac{4}{9} \div 4$

⑤ $\frac{32}{15} \div 12$

⑥ $\frac{15}{4} \div 30$

●分数×整数、分数÷整数、分数×分数

③ **分数をかける計算を考えよう**

2 練習

答え 81 ページ

❶ 次の計算をしましょう。 📖教38ページ⚠ 　　　　36点(1つ6)

① $\dfrac{1}{9} \times 4$ 　　② $\dfrac{3}{4} \times 5$ 　　③ $\dfrac{4}{5} \times 3$

④ $\dfrac{3}{7} \times 7$ 　　⑤ $\dfrac{5}{12} \times 8$ 　　⑥ $\dfrac{5}{4} \times 16$

❷ 次の計算をしましょう。 📖教38ページ⚠ 　　　　36点(1つ6)

① $\dfrac{3}{5} \div 3$ 　　② $\dfrac{5}{8} \div 8$ 　　③ $\dfrac{13}{9} \div 4$

④ $\dfrac{2}{7} \div 4$ 　　⑤ $\dfrac{48}{21} \div 12$ 　　⑥ $\dfrac{49}{8} \div 14$

❸ 2mの重さが $\dfrac{8}{9}$ kg のパイプがあります。 📖教38ページ⚠ 　　28点(式8・答え6)

① このパイプ1mの重さは何kgですか。

式

答え （　　　　　　）

② このパイプ6mの重さは何kgですか。

式

答え （　　　　　　）

教科書 📖 38ページ

●分数×整数、分数÷整数、分数×分数
③ **分数をかける計算を考えよう**
3 分数をかける計算 ……(１)

[分数に分数をかける計算は、分母どうし、分子どうしをかけます。]

❶ １dL で、かべを $\frac{5}{7}$ m² ぬれるペンキがあります。このペンキ $\frac{3}{4}$ dL では、かべを何 m² ぬれますか。 📖教39〜42ページ❶ 10点(1つ5)

| １dL でぬれる面積 | × | 使う量(dL) | ＝ | ぬれる面積 |　だから、

$$\frac{5}{7} \times \boxed{\frac{3}{4}} = \frac{5 \times 3}{7 \times 4} = \boxed{} \ (m^2)$$

❷ 次の計算をしましょう。 📖教42ページ⚠ 30点(1つ10)

① $\frac{1}{4} \times \frac{5}{7}$　　　　② $\frac{2}{3} \times \frac{2}{5}$　　　　③ $\frac{2}{3} \times \frac{10}{7}$

❸ １m の重さが $\frac{7}{9}$ kg の鉄の棒があります。この鉄の棒 $\frac{2}{5}$ m の重さは何 kg ですか。

📖教42ページ⚠ 20点(式10・答え10)

式

答え （　　　　　　　）

[計算のとちゅうで約分できるときは、約分してから計算すると簡単になります。]

❹ 次の計算をしましょう。 📖教42ページ❷ 30点(1つ10)

① $\frac{4}{7} \times \frac{5}{8}$　　　　② $\frac{2}{3} \times \frac{9}{8}$　　　　③ $\frac{2}{9} \times \frac{9}{4}$

❺ 次の計算をしましょう。 📖教43ページ① 10点

$\frac{9}{16} \times \frac{8}{5} \times \frac{5}{6}$

●分数×整数、分数÷整数、分数×分数
③ **分数をかける計算を考えよう**
3 分数をかける計算 ……(2)

時間 15分　合格 80点　/100　月　日

サクッと
こたえ
あわせ
答え 82ページ

[整数に分数をかける計算では、整数を分母が1の分数と考えて、分数×分数の計算をします。]

❶ $2 \times \dfrac{4}{9}$ の計算のしかたについて、□にあてはまる数を書きましょう。

📖教43ページ❸　20点(1つ5)

㋐ 2を $\dfrac{2}{\boxed{1}}$ と考えて、分数と分数のかけ算をします。

㋑ $2 \times \dfrac{4}{9} = \dfrac{\boxed{2}}{1} \times \dfrac{4}{9} = \dfrac{2 \times 4}{1 \times 9} = \dfrac{\boxed{}}{\boxed{}}$

❷ 次の計算をしましょう。📖教43ページ❸　　50点(1つ10)

① $4 \times \dfrac{2}{7}$

② $3 \times \dfrac{3}{5}$

③ $6 \times \dfrac{3}{4}$

④ $2\dfrac{4}{5} \times \dfrac{5}{6}$

⑤ $2\dfrac{3}{11} \times 4\dfrac{2}{5}$

帯分数を仮分数
になおして計算しましょう。

[1より小さい数をかけると、「積<かけられる数」となります。]

❸ 次の□にあてはまる不等号を書きましょう。📖教44ページ㋓　10点(1つ5)

① $8 \times 1\dfrac{2}{5}\ \boxed{}\ 8$

② $\dfrac{4}{5} \times \dfrac{6}{7}\ \boxed{}\ \dfrac{4}{5}$

[面積や体積は、辺の長さが分数で表されていても、公式を使って求められます。]

❹ 右の長方形の面積を求めましょう。📖教45ページ❺

20点(式10・答え10)

式

答え （　　　　　）

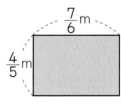

教科書📖 43〜45ページ

きほんの
ドリル
13.

時間 15分 | 合格 80点 | /100 | 月 日

サクッと
こたえ
あわせ

●分数×整数、分数÷整数、分数×分数
③ **分数をかける計算を考えよう**
3 分数をかける計算 ……(3)

答え 82ページ

[分数でも、整数と同じ計算のきまりが成り立ちます。]

❶ 右の長方形の面積を2つの方法で求め、分数のときも $(a+b) \times c = a \times c + b \times c$ が成り立つことを確かめましょう。 📖教46ページ❻　　25点(1つ5)

① 縦の長さの $\frac{5}{7}$ cm と $\frac{1}{7}$ cm をたして、1つの長方形と

して計算すると、$\left(\frac{5}{7} + \boxed{} \right) \times \boxed{}$ (cm²)になります。

② 点線で2つの長方形に分けて面積を計算し、2つの面

積をたすと、$\frac{5}{7} \times \frac{2}{5} + \boxed{} \times \boxed{}$ (cm²)になります。

③ 同じ長方形の面積だから、2つの式の答えは等しくなり、答えは $\boxed{}$ (cm²)になります。

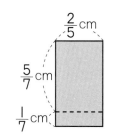

$\frac{2}{5}$ cm

$\frac{5}{7}$ cm

$\frac{1}{7}$ cm

❷ 計算のきまりを使って、くふうして計算しましょう。 📖教46ページ⚠　30点(1つ10)

① $\left(\frac{3}{7} \times \frac{4}{5} \right) \times \frac{5}{4}$ 　　② $\left(\frac{4}{9} + \frac{1}{2} \right) \times 18$ 　　③ $\frac{4}{5} \times 7 + \frac{4}{5} \times 3$

❸ 次の □ にあてはまる数やことばを書きましょう。 📖教47ページ❼　25点(1つ5)

① 2つの数の $\boxed{}$ が $\boxed{}$ になるとき、一方の数をもう一方の逆数といいます。

② 真分数や仮分数の逆数は、$\boxed{}$ と $\boxed{}$ を入れかえた分数になります。

③ 整数の逆数は、分母が $\boxed{}$ の分数と考えて求めます。

❹ 次の数の逆数を求めましょう。 📖教47ページ⚠　20点(1つ5)

① $\frac{5}{6}$ （　　　）　　　　② $\frac{1}{9}$ （　　　）

③ 5 （　　　）　　　　④ 0.9 （　　　）

●分数×整数、分数÷整数、分数×分数
③ **分数をかける計算を考えよう**

1 １Ｌの重さが $\frac{3}{4}$ kg の米があります。　　　　　20点（式5・答え5）

①　この米3Ｌの重さは何 kg ですか。

式　　　　　　　　　　　　　　　　答え $\Big($ 　　　　　 $\Big)$

②　この米 $\frac{18}{5}$ Ｌの重さは何 kg ですか。

式　　　　　　　　　　　　　　　　答え $\Big($ 　　　　　 $\Big)$

2 次の計算をしましょう。　　　　　　　　　　　30点（1つ5）

①　$\frac{3}{4} \times 6$　　　　　②　$\frac{5}{8} \div 10$　　　　　③　$\frac{5}{8} \times \frac{2}{5}$

④　$4 \times \frac{6}{7}$　　　　　⑤　$3\frac{1}{3} \times \frac{9}{16}$　　　　　⑥　$\frac{2}{3} \times \frac{1}{4} \times \frac{2}{5}$

3 積が6より小さくなるのはどれですか。計算をしないで答えましょう。　　10点

㋐　$6 \times \frac{4}{5}$　　　　　㋑　$6 \times 1\frac{2}{3}$　　　　　㋒　$6 \times \frac{9}{8}$　　　$\Big($ 　　　　 $\Big)$

4 底辺が $\frac{7}{9}$ cm、高さが $\frac{3}{5}$ cm の平行四辺形の面積は何 cm²
ですか。　　　　　　　　　　　　10点（式5・答え5）
式

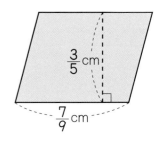

答え $\Big($ 　　　　　 $\Big)$

5 計算のきまりを使って、くふうして計算しましょう。　　10点（1つ5）

①　$\left(\frac{5}{6} - \frac{7}{9}\right) \times 18$　　　　　②　$\left(\frac{11}{15} \times \frac{9}{14}\right) \times \frac{14}{9}$

6 次の数の逆数を書きましょう。　　　　　　　　20点（1つ5）

①　$\frac{2}{5}$ $\Big($ 　　 $\Big)$　②　3 $\Big($ 　　 $\Big)$　③　0.7 $\Big($ 　　 $\Big)$　④　0.25 $\Big($ 　　 $\Big)$

教科書 📖 **32〜49ページ**

きほんの
ドリル
15。

時間 **15**分 ｜ 合格 **80**点 ／100

月　日

サクッと
こたえ
あわせ

答え **83**ページ

● 分数÷分数
④　**分数でわる計算を考えよう** ……（１）

[分数のわり算は、わる数の逆数をかけて計算します。]

❶ $\frac{2}{5}$ dL のペンキで、かべを $\frac{7}{9}$ m² ぬれました。このペンキ１dL では、かべを何 m²

ぬれますか。　📖教51〜54ページ**1**　　　　　　　　　　　8点（1題8）

| ぬった面積 | ÷ | 使った量(dL) | ＝ | １dLでぬれる面積 |　だから、

$$\frac{7}{9} \div \boxed{\frac{2}{5}} = \frac{7}{9} \times \frac{\boxed{}}{\boxed{}} = \boxed{} \;(m^2)$$

❷ 次の計算をしましょう。　📖教55ページ⚠　　　　　　　42点（1つ14）

①　$\frac{2}{7} \div \frac{5}{6}$　　　　　②　$\frac{9}{8} \div \frac{4}{5}$　　　　　③　$\frac{3}{4} \div \frac{1}{5}$

[計算のとちゅうで約分できるときは、約分してから計算すると簡単になります。]

❸ $\frac{3}{5} \div \frac{9}{10}$ の計算のしかたについて、□ にあてはまる数を書きましょう。

📖教55ページ**2**　8点（1題8）

かけ算のときと同じように、計算のとちゅうで約分すると、

$$\frac{3}{5} \div \frac{9}{10} = \frac{3 \times \overset{\boxed{}}{\overset{1}{10}}}{5 \times \underset{\boxed{}}{\underset{}{9}}} = \boxed{}$$

計算のとちゅうで
約分すると
簡単になるね。

❹ 次の計算をしましょう。　📖教55ページ**2**　　　　　42点（1つ14）

①　$\frac{2}{7} \div \frac{3}{14}$　　　　　②　$\frac{9}{16} \div \frac{3}{4}$　　　　　③　$\frac{4}{5} \div \frac{2}{15}$

教科書 📖　**50〜55ページ**

ドリル 16

●分数÷分数
④ 分数でわる計算を考えよう ……(2)

時間 15分 ｜ 合格 80点 ｜ /100

月 日

サクッと こたえあわせ
答え 83ページ

[分数のかけ算とわり算のまじった式は、わる数を逆数に変えてかけ算だけの式になおします。]

❶ $\dfrac{7}{8} \div \dfrac{14}{5} \times \dfrac{1}{15}$ の計算のしかたを考えましょう。　📖教 55ページ❷　　8点（1題8）

$$\dfrac{7}{8} \div \dfrac{14}{5} \times \dfrac{1}{15} = \dfrac{7}{8} \times \boxed{\dfrac{5}{14}} \times \dfrac{1}{15}$$

$$= \dfrac{7 \times 5 \times 1}{\underset{2}{8} \times \overset{1}{14} \times 15} = \boxed{}$$

すごく簡単になるね。

❷ 次の計算をしましょう。　📖教 56ページ⚠　　52点（1つ13）

①　$\dfrac{1}{8} \times \dfrac{7}{9} \div \dfrac{14}{27}$

②　$\dfrac{7}{18} \times \dfrac{5}{21} \div \dfrac{5}{9}$

③　$\dfrac{4}{9} \div 8 \times \dfrac{54}{5}$

④　$\dfrac{3}{8} \div \dfrac{4}{9} \div \dfrac{27}{32}$

[整数を分数でわるわり算では、整数を分母が1の分数と考えて、分数÷分数の計算をします。]

❸ 次の計算をしましょう。　📖教 56ページ❸　　20点（1つ10）

①　$6 \div \dfrac{5}{2}$

②　$4 \div \dfrac{10}{7}$

[帯分数は仮分数になおしてから、真分数のわり算と同じように計算します。]

❹ 次の計算をしましょう。　📖教 56ページ❸　　20点（1つ10）

①　$\dfrac{4}{9} \div 1\dfrac{3}{5}$

②　$2\dfrac{4}{7} \div 1\dfrac{7}{8}$

●分数÷分数

④ **分数でわる計算を考えよう** ……(3)

[1より小さい数でわると、「商＞わられる数」となります。]

❶ 次の□にあてはまる不等号を書きましょう。 📖教57ページ⚠   8点(1つ4)

① $8 \div \dfrac{2}{5} \boxed{} 8$

② $\dfrac{7}{9} \div \dfrac{6}{5} \boxed{} \dfrac{7}{9}$

[もとにする量を求めるとき、分数の場合にも、わり算を使います。]

❷ $\dfrac{3}{5}$ Lの重さが $\dfrac{5}{6}$ kgの油があります。 📖教58ページ5   32点(式8・答え8)

① この油 1Lの重さは何kgになりますか。

式

答え （　　　　　　　　　　）

② この油 1kgの量は何Lになりますか。

式

答え （　　　　　　　　　）

分数を整数におきか
えて考えてみよう。

[分数、小数、整数のまじったわり算は、小数や整数を分数になおし、かけ算の式にします。]

❸ 次の計算をしましょう。 📖教59〜61ページ6   60点(1つ15)

① $\dfrac{3}{10} \div \dfrac{9}{14} \div 0.7$

② $\dfrac{5}{8} \times 0.8 \div \dfrac{13}{14}$

③ $0.3 \times 4 \div \dfrac{2}{15}$

④ $0.5 \times 14 \div 0.07$

教科書 📖 57〜61ページ

時間 15分 ｜ 合格 80点 ／100 ｜ 月 日

サクッと
こたえ
あわせ

答え 84ページ

1 次の計算をしましょう。 24点(1つ8)

① $\dfrac{2}{7} \div \dfrac{3}{4}$　　　② $\dfrac{8}{9} \div \dfrac{4}{5}$　　　③ $\dfrac{6}{7} \div \dfrac{9}{14}$

2 次の計算をしましょう。 24点(1つ8)

① $6 \div \dfrac{2}{9}$　　　② $12 \div \dfrac{1}{5}$　　　③ $\dfrac{2}{7} \div 2\dfrac{4}{5}$

3 次の計算をしましょう。 16点(1つ8)

① $\dfrac{7}{18} \times \dfrac{9}{14} \div \dfrac{3}{4}$　　　　② $2.1 \div \dfrac{7}{5} \div \dfrac{9}{4}$

4 商が5より大きくなるのはどれですか。計算をしないで答えましょう。 6点

⑦ $5 \div \dfrac{5}{9}$　　　④ $5 \div 1\dfrac{2}{3}$　　　⑨ $5 \div \dfrac{9}{7}$　　　（　　　　　　）

5 $\dfrac{4}{5}$ m の重さが $\dfrac{4}{7}$ kg のホースがあります。このホース1mの重さは何kgですか。

12点(式8・答え4)

式

答え（　　　　　　）

6 60kmの道のりを自動車で進むのに1時間20分かかりました。

18点(①6、②式8・答え4)

① 1時間20分は、何時間ですか。分数で表しましょう。 （　　　　　　）

② 自動車の速さは、時速何kmですか。

式

答え（　　　　　　）

教科書 📖 50〜65ページ

分数の倍 ……(1)

サクッと
こたえ
あわせ
答え **84**ページ

[分数のときも、ある大きさが、もとにする大きさの何倍にあたるかを求めるには、わり算を使います。]

❶ 右の表のような長さの、3本のテープがあります。

赤のテープの長さをもとにすると、青のテープと黄のテープの長さは、それぞれ何倍ですか。　📖教66〜67ページ❶

40点(式10・答え10)

	長さ(m)
赤	$\frac{2}{5}$
青	$\frac{11}{10}$
黄	$\frac{4}{15}$

① 青のテープ 式 $\frac{11}{10} \div \frac{2}{5}$

答え（　　　　　）

② 黄のテープ 式

答え（　　　　　）

❷ 次の問題に答えましょう。　📖教67ページ⚠

60点(式15・答え15)

① $\frac{6}{7}$ kg をもとにすると、$\frac{3}{8}$ kg は何倍ですか。

式

答え（　　　　　）

② $\frac{5}{6}$ L を1とみると、$\frac{2}{3}$ L はいくつにあたりますか。

式

分数のわり算は、わる数の
分子と分母を入れかえた数、
逆数をかけるんだったね。

答え（　　　　　）

 時間 15分 | 合格 80点 | /100

20。 分数の倍 ······(2)

答え 84 ページ

[分数でも倍にあたる大きさは、かけ算で求められます。]

❶ 絵の具箱の値段は 800 円です。絵の具の値段は、絵の具箱の $\frac{5}{4}$ 倍、筆の値段は、絵の具箱の $\frac{3}{4}$ 倍です。それぞれの物の値段を求めましょう。 📖教68ページ❷

40点(式10・答え10)

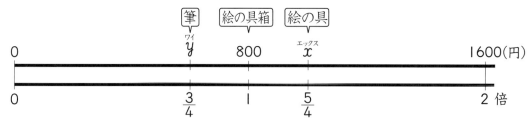

① 絵の具 **式** $800 \times \frac{5}{4}$

答え （　　　　　　　　）

② 筆 　**式**

答え （　　　　　　　　）

❷ 牛乳とジュースがあります。牛乳の量は $\frac{3}{5}$ L で、これはジュースの量の $\frac{9}{10}$ にあたります。ジュースは何 L ありますか。 📖教69ページ❸

60点(1つ10)

① ジュースの量を x L として、ジュースの量と牛乳の量の関係をかけ算の式に表しましょう。

$$x \times \boxed{} = \boxed{}$$

② x にあてはまる数を求めて、ジュースは何 L あるか答えましょう。

$$x = \boxed{} \div \boxed{}$$

$$= \boxed{}$$

答え （　　　　　　　　）

教科書 📖 68〜69ページ

●比
⑤ **割合の表し方を調べよう**
１ 比と比の値 ……(1)

答え 85ページ

[比は、２つの数量の割合を表すのに使います。]

❶ コーヒーとミルクを下の表のように混ぜて、同じ味のミルクコーヒーを作ります。

📖教73〜74ページ❶　70点(1つ10)

	コーヒー	ミルク
はるな	コップ　１ぱい	コップ　２はい
としや	コップ　２はい	コップ　４はい
せいじ	コップ　３ばい	コップ　６ぱい

① コップ１ぱいを１とみて、はるなさん、としやさん、せいじさんが使ったコーヒーとミルクの量の割合を、それぞれ比で表しましょう。

はるなさん （　　　　　　　）

としやさん （　　　　　　　）

せいじさん （　　　　　　　）

② コップ２はいを１とみると、としやさんが使ったコーヒーとミルクの量は、それぞれいくつにあたりますか。

コーヒーの量 （　　　　　　　）

ミルクの量 （　　　　　　　）

③ コップ３ばいを１とみると、せいじさんが使ったコーヒーとミルクの量は、それぞれいくつにあたりますか。

コーヒーの量 （　　　　　　　）

ミルクの量 （　　　　　　　）

❷ ２つの数の割合を、比を使って表しましょう。　📖教74ページ①　30点(1つ15)

① りんごが９個、なしが４個あります。りんごとなしの個数の比を書きましょう。

（　　　　　　　）

② 縦が４cm、横が３cmの長方形の縦の長さと横の長さの比を書きましょう。

（　　　　　　　）

教科書 📖 72〜74ページ

● 比

⑤ **割合の表し方を調べよう**
｜ 　比と比の値　……(2)

[$a:b$ の比の値は、a を b でわった商になります。]

1 みさきさんとしょうたさんは、コーヒーとミルクを下の表のような割合で混ぜて、同じ味のミルクコーヒーを作りました。□ にあてはまる数を書きましょう。　　📖**教75**ページ**2**

70点(1つ5)

	コーヒー	ミルク
みさき	コップ　2 はい	コップ　3 ばい
しょうた	コップ　4 はい	コップ　6 ぱい

① 　コップ｜ぱいを｜とみて、みさきさんが使ったコーヒーとミルクの量の割合を比で表すと　　　2 ： 3

比の値を求めると　　□ ÷ □ = □/□

② 　コップ｜ぱいを｜とみて、しょうたさんが使ったコーヒーとミルクの量の割合を比で表すと　　　□ ： □

比の値を求めると　　□ ÷ □ = ─── = ───

③ 　①、②で求めた比は、比の値が等しいので、等号を使って次のように表します。

2 ： 3 = □ ： □

2 次の比の値を求めましょう。　📖**教76**ページ⚠　　20点(1つ10)

① 　3 ： 4 　　　　　　　　　　　　　② 　4 ： 3

（　　　　　）　　　　　　　　　　　（　　　　　）

[比の値が等しいとき、それらの「比は等しい」といいます。]

3 ⓐ、ⓘ、ⓤの 3 つの比の値を求めて等しい比を見つけ、記号で答えましょう。

📖**教76**ページ⚠　10点

ⓐ 　16 ： 10 　　　　ⓘ 　18 ： 15 　　　　ⓤ 　40 ： 25 　　（　　　　　）

教科書 📖 **75〜76**ページ

きほんの ドリル 23.

きほんのドリル 23.

●比

⑤ 割合の表し方を調べよう

2 等しい比の性質

時間 **15**分 ｜ 合格 **80**点 ｜ ／**100**

サクッと こたえ あわせ

答え **85** ページ

[□：○の、□と○に同じ数をかけても、□と○を同じ数でわっても、できる比は等しくなります。]

❶ 2：5に等しい比はどれですか。 📖教**77**ページ❶ 　　　　10点

　　ⓐ 6：10 　　　ⓘ 10：25 　　　ⓤ 4：15 　　（　　　　　）

[比を表す2つの数を、それらの数の公約数でわれば、比を簡単にすることができます。]

❷ 35：42の比を、それと等しい比で、できるだけ小さい整数の比になおします。□にあてはまる数を書きましょう。 📖教**78**ページ❷ 　　20点（1つ5）

　① 等しい比どうしの関係を使って

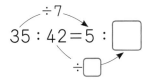

　　35：42＝5：□
　　÷□

　② 比の値（あたい）を求めて

　　$35 \div 42 = \dfrac{35}{42} = \boxed{5}$

　③ 35：42＝5：□

❸ 次の比を簡単にしましょう。 📖教**78**ページ⚠ 　　20点（1つ5）

　① 6：15 　　（　　　　　） 　② 8：10 　　（　　　　　）

　③ 12：54 　　（　　　　　） 　④ 21：63 　　（　　　　　）

[小数や分数で表された比は、整数の比になおしてから簡単にします。]

❹ $\dfrac{6}{5} : \dfrac{9}{7}$ の比を簡単にします。□にあてはまる数を書きましょう。 📖教**79**ページ❸

　　20点（1つ5）

　① 分母の5と7の公倍数をかけて

　　$\dfrac{6}{5} : \dfrac{9}{7} = \left(\dfrac{6}{5} \times \boxed{35}\right) : \left(\dfrac{9}{7} \times \boxed{}\right)$

　　　$= 42 : 45$

　　　$= \boxed{ : }$

　② 通分すると

　　$\dfrac{6}{5} : \dfrac{9}{7} = \boxed{35} : \boxed{35}$

　　　$= 42 : 45$

　　　$= \boxed{ : }$

❺ 次の比を簡単にしましょう。 📖教**79**ページ⚠ 　　20点（1つ5）

　① 0.7：0.9 　　（　　　　　） 　② 2.1：7 　　（　　　　　）

　③ $\dfrac{3}{4} : \dfrac{7}{10}$ 　　（　　　　　） 　④ $\dfrac{8}{3} : 2$ 　　（　　　　　）

教科書 📖 **77〜79**ページ

●比
⑤ **割合の表し方を調べよう**
3　比の利用

[比の一方の量は、もう一方の量を１とみたり、等しい比をつくったりすれば求められます。]

1 縦と横の長さの比が３：８になるように、長方形の形に紙を切ります。横の長さが 32 cm のとき、縦の長さは何 cm になりますか。□にあてはまる数を書きましょう。

📖教80ページ❶　40点(1つ8)

① 縦の長さは、横の長さを１とみる

と、□ にあたる。

$32 \times \boxed{} = \boxed{}$

② 縦の長さを x cm とする。

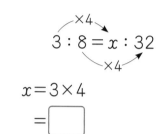

$3 : 8 = x : 32$

$x = 3 \times 4$

$= \boxed{}$

③ 縦の長さは □ cm になります。

2 次の式で、x の表す数を求めましょう。　📖教80ページ⚠　40点(1つ10)

① $5 : 3 = x : 15$

$x = \boxed{}$

② $12 : 8 = 3 : x$

$x = \boxed{}$

③ $2 : 7 = 14 : x$

$x = \boxed{}$

④ $3.6 : 9 = x : 5$

$x = \boxed{}$

[全体の量を、部分と部分の比に分けるときは、部分と全体の等しい比をつくれば求められます。]

3 ミルクティーを 720 mL 作ろうと思います。牛乳と紅茶を４：５の割合で混ぜるとき、紅茶は何 mL 必要ですか。　📖教81ページ❷　20点(式10・答え10)

式

答え（　　　　　）

教科書 📖 80〜81ページ

まとめの
ドリル
25.

● 比
⑤ 割合の表し方を調べよう

時間 **15**分 | 合格 **80**点 | /**100**

サクッと
こたえ
あわせ

答え **85** ページ

1 次の比の値を求めましょう。 20点(1つ5)

① 5：9 （ 　 ）　 ② 18：30 （ 　 ）

③ 2.4：2.8 （ 　 ）　 ④ 4：1.5 （ 　 ）

2 次の比を簡単にしましょう。 20点(1つ5)

① 20：80 （ 　 ）　 ② 18：24 （ 　 ）

③ 5.4：4.2 （ 　 ）　 ④ $\frac{1}{3}$：$\frac{1}{5}$ （ 　 ）

3 次の式で、x の表す数を求めましょう。 20点(1つ10)

① $8：36＝2：x$ 　　　　　 ② $5：7＝x：49$

$x＝\boxed{}$ 　　　　　　　 $x＝\boxed{}$

4 縦と横の長さの比が5：4になるような長方形をかくことにしました。横の長さが
24 cm のとき、縦の長さは何 cm になりますか。 20点(式10・答え10)

式

答え （ 　 　 ）

5 120枚の折り紙を、姉と妹の枚数の比が3：5になるように分けます。
　妹の折り紙の枚数は、何枚になりますか。 20点(式10・答え10)

式

答え （ 　 　 ）

教科書 **72〜84ページ**

対称な図形／文字と式

1 紙を2つに折って、切りぬき、右のような図形を作りました。　40点(1つ10)

① 右のような図形を □ な図形といいます。
□ にあてはまることばを書きましょう。

（　　　　　　　）

② 直線アイを何といいますか。

（　　　　　　　）

③ 辺 BC に対応する辺はどれですか。

（　　　　　　　）

④ 対応する点Cと点Eを結ぶ直線は、直線アイとどのように交わっていますか。

（　　　　　　　）に交わっている。

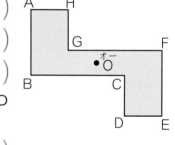

2 右の図のような、点対称な図形をかきました。　40点(1つ10)

① 点Oを何といいますか。　（　　　　　　　）

② 角Bに対応する角はどれですか。　（　　　　　　　）

③ 辺 GH に対応する辺はどれですか。　（　　　　　　　）

④ 点Oと点H、点Oと点Dを結ぶと、直線 OH と直線 OD
の長さはどのようになっていますか。

（　　　　　　　）

3 底辺が7cm、高さが x cm の平行四辺形があります。面積は y cm² です。
x と y の関係を式に表しましょう。　10点

（　　　　　　　）

4 x kg のみかんを 0.7 kg の箱に入れます。全体の重さは y kg です。
この場面を表す式はどれですか。　10点

㋐ $x \times 0.7 = y$ 　　㋑ $x + 0.7 = y$ 　　㋒ $x + y = 0.7$

（　　　　　　　）

時間 15分 | **合格 80点** | /100 | 月 日

サクッと
こたえ
あわせ

答え 86 ページ

分数×整数、分数÷整数、分数×分数／分数÷分数

1 次の計算をしましょう。　　　　　　　　　　　　55点（1つ5）

① $\dfrac{5}{9}×6$　　　② $\dfrac{6}{7}×\dfrac{5}{12}$　　　③ $\dfrac{25}{6}×\dfrac{2}{5}$　　　④ $\dfrac{7}{8}×\dfrac{4}{35}$

⑤ $\dfrac{5}{12}÷3$　　　⑥ $\dfrac{7}{12}÷\dfrac{14}{27}$　　　⑦ $\dfrac{4}{15}÷\dfrac{2}{3}$　　　⑧ $16÷\dfrac{1}{4}$

⑨ $\left(\dfrac{3}{4}-\dfrac{1}{3}\right)×12$　　　⑩ $\dfrac{24}{25}÷\dfrac{4}{5}÷\dfrac{3}{2}$　　　⑪ $\dfrac{5}{6}÷\dfrac{2}{3}×0.4$

2 次の数の逆数を求めましょう。　　　　　　　　　15点（1つ5）

① $\dfrac{2}{3}$　（　　　）　② 7　（　　　）　③ 0.13　（　　　）

3 1Lで、$\dfrac{11}{3}$ ㎡ のかべをぬれるペンキがあります。　　20点（式5・答え5）

① このペンキ5L では、かべを何 ㎡ ぬれますか。

式

答え（　　　　　　　）

② このペンキ $\dfrac{2}{11}$ L では、かべを何 ㎡ ぬれますか。

式

答え（　　　　　　　）

4 $\dfrac{5}{8}$ L の重さが $\dfrac{5}{6}$ kg の油があります。この油 1 kg の量は何 L ですか。

10点（式5・答え5）

式

答え（　　　　　　　）

分数の倍／比

1 $\frac{3}{4}$ L をもとにすると、$\frac{5}{12}$ L は何倍ですか。　　　20点(式10・答え10)

式

答え （　　　　　　　　　）

2 よしこさんは、あめを 14 個持っています。これは、よしひろさんが持っているあめの $\frac{2}{5}$ にあたります。よしひろさんが持っているあめの個数は何個ですか。

式　　　　　　　　　　　　　　　　　　　　20点(式10・答え10)

答え （　　　　　　　　　）

3 次の比の値を求めましょう。　　　10点(1つ5)

① 24：32 （　　　　　　　）　② 2：3.5 （　　　　　　　）

4 次の比を簡単にしましょう。　　　20点(1つ5)

① 24：27 （　　　　　　　）　② 130：26 （　　　　　　　）

③ 0.35：1.4 （　　　　　　　）　④ $\frac{7}{6}$：$\frac{21}{8}$ （　　　　　　　）

5 次の式で、x の表す数を求めましょう。　　　10点(1つ5)

① 15：3＝x：1　　　　② 6：7＝18：x

（　　　　　　　）　　　　（　　　　　　　）

6 赤、黄、青の3色の色紙があります。赤と黄の色紙の枚数の比は4：5で、黄と青の色紙の枚数の比は2：3です。　　　20点(式5・答え5)

① 赤の色紙が 16 枚あるとするとき、黄の色紙は何枚ですか。

式

答え （　　　　　　　　　）

② 黄と青の色紙が合わせて 25 枚あるとするとき、青の色紙は何枚ですか。

式

答え （　　　　　　　　　）

時間 15分　合格 80点　／100

●拡大図と縮図
⑥　形が同じで大きさがちがう図形を調べよう
｜　拡大図と縮図　……(1)

[拡大図は、もとの図を、形を変えないで大きくした図です。]

❶　下の�垂、⑰、⑴、⑳の形を見て、□□にあてはまることばや記号を書きましょう。

📖教89〜90ページ❶　30点(1つ5)

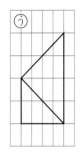
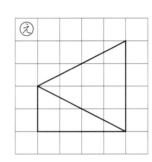

①　⑴は⑂を縦にのばしたもので、
　□形□も□大きさ□もちがいます。

②　⑂と⑳は、□□□□□はちがいます
　が、□□□□□は同じです。

③　⑂と⑰は、形も大きさも同じだから
　□□□□□です。

④　⑂の拡大図は□□□□□です。

[拡大図や縮図では、対応する辺の長さの比と対応する角の大きさは、それぞれ等しくなります。]

❷　右の三角形 ABC は、三角形 DEF の $\frac{1}{2}$ の縮図です。　📖教91ページ⚠　70点(1つ10)

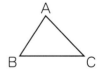

①　辺 EF に対応する辺はどれですか。また、その辺
　の長さは何 cm ですか。

　　　　対応する辺（　　　　　　　　）

　　　　辺の長さ（　　　　　　　　）

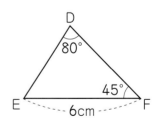

②　角Dに対応する角はどれですか。また、その角の
　大きさは何度ですか。

　　　　対応する角（　　　　　　　　）

　　　　角の大きさ（　　　　　　　　）

③　三角形 DEF は、三角形 ABC の何倍の拡大図で
　すか。　　　　　　　（　　　　　　　　）

④　辺 AB と対応する辺はどれですか。また、辺 AB の長さと辺 AB に対応する辺の
　長さの比を求めましょう。

　　　対応する辺（　　　　　　　　）　　　辺の長さの比（　　　　　　　　）

サクッと
こたえ
あわせ

答え 87ページ

● 拡大図と縮図
⑥ 形が同じで大きさがちがう図形を調べよう
1　拡大図と縮図　……(2)

[三角形の拡大図、縮図は、全部の辺の長さや角の大きさを使わなくてもかけます。]

❶ 右の三角形 ABC を2倍に拡大した三角形 DEF をかきます。　教92ページ❷

45点(1つ15)

① 辺 EF の長さを何 cm にすればよいですか。

（　　　　　　）

② 角Eの大きさを何度にすればよいですか。

（　　　　　　）

③ 頂点Dの位置を決めるためには、①、②
のほかにあと1つ、どの辺の長さやどの角
の大きさを決めればよいですか。（　）の中
に記号をすべて書きましょう。

　⑦　辺 DE の長さ　　　　⑦　辺 DF の長さ
　⑦　角Dの大きさ　　　　⑦　角Fの大きさ

（　　　　　　）

[1つの点を中心とすると、辺の長さだけを考えて、拡大図や縮図がかけます。]

❷ 次の拡大図や縮図をかきましょう。　教93ページ❸⚠　40点(1つ20)

① 頂点Aを中心にして、2倍の拡大図　② 頂点Aを中心にして、$\frac{1}{2}$の縮図

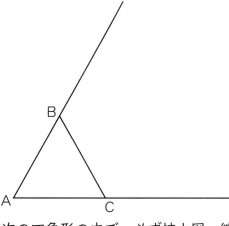
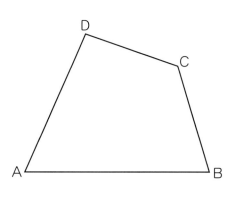

❸ 次の四角形の中で、必ず拡大図、縮図の関係になっているものはどれですか。

教94ページ❹　15点

　⑦　台形　　⑦　平行四辺形　　⑦　ひし形　　⑦　長方形　　⑦　正方形

（　　　　　　）

教科書 📖 92〜94ページ

（時間）15分　合格 80点　/100

●拡大図と縮図
⑥ 形が同じで大きさがちがう図形を調べよう
2　縮図の利用

答え 87 ページ

[実際の長さを縮めた割合のことを、縮尺といいます。]

❶ 右の図は、ひろこさんの家のまわりの縮図で、210 m を 3 cm に縮めて表しています。

📖教95ページ❶　40点(①1つ10、②式10・答え10)

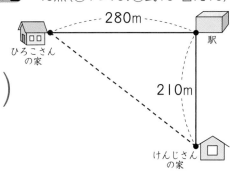

① 縮めた割合を、分数で表しましょう。
また、比で表しましょう。

分数 (　　　　　　　　) 比 (　　　　　　　　)

② ひろこさんの家からけんじさんの家までの
きょりは、縮図では 5 cm あります。実際のきょ
りは何 m ですか。

式

答え (　　　　　　　　　　　　　)

[高さなどを求めるときは、地面から目までの高さをたすことを忘れないようにしましょう。]

❷ 木の高さをはかるために、木から 10 m はなれたところに立って木の上のはしAを見上
げ、角Bをはかったら 30° ありました。　📖教96〜97ページ❷

60点(①③式10・答え10、②20)

① $\frac{1}{200}$ の縮図をかくには、三角形 ABC の辺 BC
の長さは何 cm にしたらよいですか。

式

答え (　　　　　　　　)

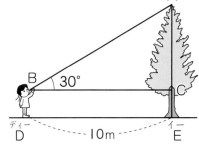

② $\frac{1}{200}$ の縮図を右にかきましょう。

③ 目までの高さを 1.4 m として、木の実際の
高さを求めましょう。

式

答え (　　　　　　　)

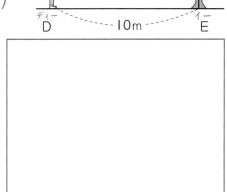

教科書 📖 95〜97ページ

● 拡大図と縮図
⑥ 形が同じで大きさがちがう図形を調べよう

1 方眼を使って、下の台形の2倍の拡大図をかきましょう。　　　15点

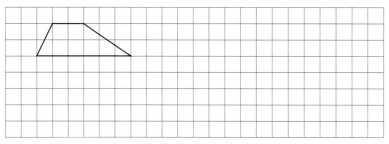

2 下の図形で、◎は⑅の拡大図です。　　　70点(1つ10)

① ◎は⑅の何倍の拡大図ですか。　　　（　　　　　）

② ⑅の図形の次の頂点や辺に対応するのは、◎の図形のどれですか。

　　⑦　頂点B　　　（　　　　　）

　　⑦　頂点C　　　（　　　　　）

　　⑦　辺AC　　　（　　　　　）

　　⑦　辺AB　　　（　　　　　）

③ 辺DFの長さは何cmですか。　　（　　　　　）

④ 角Fの大きさは何度ですか。　　（　　　　　）

⑅
A
5.4cm
42°
B　4cm　C

◎
D
E　12cm　F

3 点Cを中心として、右の正六角形 ABCDEF の $\dfrac{1}{2}$ の縮図をかきましょう。

　　　15点

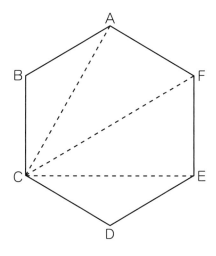

●データの調べ方
⑦ **データの特ちょうを調べて判断しよう**
Ⅰ　問題の解決の進め方　　　……(1)

サクッと
こたえ
あわせ

答え 87ページ

[データの特ちょうをいろいろな見方で調べます。]

❶ 下の数は、20人が10点満点のゲームを行ったときの得点を示したものです。

📖教102〜105ページ❶、❷　　100点(1つ20)

(1)3　　(2)7　　(3)7　　(4)5　　(5)8　　(6)5　　(7)7
(8)8　　(9)4　　(10)6　　(11)1　　(12)9　　(13)7　　(14)4
(15)6　　(16)9　　(17)5　　(18)7　　(19)6　　(20)6

① いちばん高い得点は、何点ですか。

（　　　　　）

② いちばん低い得点は、何点ですか。

（　　　　　）

③ ゲームの得点を●で表して、得点をドットプロットに表しましょう。

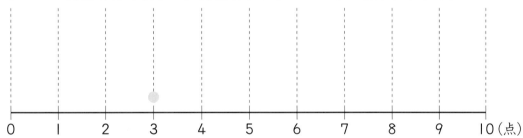

④ 平均値は、何点ですか。

（　　　　　）

⑤ 得点の最頻値は、何点ですか。

（　　　　　）

教科書 📖 100〜105ページ

● データの調べ方
⑦ **データの特ちょうを調べて判断しよう**
Ⅰ　問題の解決の進め方　……(2)

答え **88** ページ

[度数分布表に表すときは、まず「正」を書いて数えるとまちがいが少ないです。]

❶ 右の表は、まさこさんのクラスの女子の体重をまとめたものです。　📖数106〜107ページ❸

100点（①②③⑤1つ10、④全部できて20）

① 階級の幅は何kg ですか。

（　　　　　　　）

② 34.6 kg の人は、どの階級に入りますか。

（　　　　　　　）

③ 30.0 kg の人は、どの階級に入りますか。

（　　　　　　　）

④ データを、右の度数分布表にまとめましょう。

⑤ 度数分布表に整理した結果を見て、次の問題に答えましょう。

㋐ 28 kg 以上 30 kg 未満の階級の度数は何人ですか。

（　　　　　　）

㋑ どの階級の度数がもっとも多いですか。

（　　　　　　）

㋒ 30 kg 未満の度数の合計は何人ですか。

（　　　　　　）

㋓ 32 kg 以上の人数の割合は、全体の人数の何 % ですか。

（　　　　　　）

㋔ 軽いほうから数えて8番めの人の体重は、どの階級に入りますか。

（　　　　　　　　　　）

女子の体重調べ

番号	体重(kg)	番号	体重(kg)	番号	体重(kg)
1	30.5	8	31.6	15	28.2
2	26.4	9	29.8	16	32.4
3	32.6	10	30.0	17	30.6
4	29.0	11	32.2	18	35.8
5	27.8	12	28.5	19	30.5
6	33.2	13	34.6	20	31.2
7	29.5	14	31.5		

女子の体重調べ

体重(kg)	人数(人)
26 以上〜28 未満	
28〜30	
30〜32	
32〜34	
34〜36	
合　計	

時間 **15**分 ｜ 合格 **80**点 ｜ /100

●データの調べ方
⑦ **データの特ちょうを調べて判断しよう**
Ⅰ　問題の解決の進め方　　　……(3)

[ヒストグラムでは、ちらばりが見やすくなります。]

❶ 右の表は、6年と3年の男子の50m走の記録を度数分布表に整理したものです。

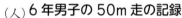📖教108～109ページ❹

100点(①②1つ25、③④1つ10)

50m走の記録

タイム(秒)	人数(人)	
	6年	3年
8.0以上～　8.5未満	3	0
8.5～　9.0	7	1
9.0～　9.5	4	2
9.5～10.0	1	4
10.0～10.5	1	6
10.5～11.0	0	2
11.0～11.5	0	1
合　計	16	16

① 6年男子の50m走の記録を、ヒストグラムに表しましょう。

② 3年男子の50m走の記録を、ヒストグラムに表しましょう。

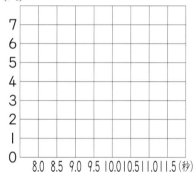

③ 6年男子の50m走の記録のヒストグラムだけから読み取れるものには○、読み取れないものには×を書きましょう。

㋐ 9.5秒以上10.0秒未満の人数　　　　　　　　　　（　　　　）

㋑ 平均値（へいきんち）　　　　　　　　　　　　　　　　　　（　　　　）

㋒ 9.0秒未満の人数の割合（わりあい）　　　　　　　　　　　（　　　　）

④ 6年男子と3年男子の50m走の記録を比べて、あきらさんは次のように考えました。 ☐ の中のことばのうち、あてはまるほうを選びましょう。

　6年のヒストグラムの棒（ぼう）は、3年のヒストグラムの棒に比べて全体に

　| ㋐　左、右 | にあるので、6年男子の記録のほうが、3年男子に比べて

　| ㋑　速い、おそい | という特ちょうがあります。

●データの調べ方

⑦ **データの特ちょうを調べて判断しよう**

Ⅰ　問題の解決の進め方 ……(4)

サクッと こたえ あわせ

答え 88ページ

[中央値を求めるときは、データの数が偶数か奇数かに注意します。]

❶ 下のデータは、Ａ、Ｂ２つのグループが行った、あるゲームの得点を示したものです。

📖教110〜111ページ⑤、⑥　30点(1つ10)

| A | 77 | 48 | 73 | 92 | 89 | | (点) |
| B | 79 | 66 | 57 | 78 | 82 | 73 | (点) |

① Ａグループの中央値を求めます。

㋐ Ａグループの得点を、小さい順に並べましょう。

(　　　　　　　　　　　　)

㋑ Ａグループの中央値を求めましょう。

(　　　　　)

② Ｂグループの中央値を求めましょう。

(　　　　　)

Ｂグループのデータの数は
６個で、偶数だから…。

❷ 下の　　にあてはまることばを書きましょう。　📖教111ページ　20点(1つ5)

データの特ちょうを調べたり伝えたりするとき、１つの値で代表させてそれらを比

べることがよくあります。このような値を ㋐［　　　　　］といいます。㋑［　　　　　］や

㋒［　　　　　］、㋓［　　　　　］は ㋐［　　　　　］です。

❸ 下のデータは、６年女子10人のソフトボール投げの記録です。この記録について、
いろいろな比べ方とそれぞれの結果を、下の表に整理しましょう。　📖教112ページ⑤

50点(1つ10)

16　18　16　15　21　13　17　17　16　19　　(m)

いちばん長い記録	いちばん短い記録	平均値	最頻値	中央値
㋐	㋑	㋒	㋓	㋔

教科書 📖 110〜112ページ

| 時間 15分 | 合格 80点 | /100 |

●データの調べ方
⑦ **データの特ちょうを調べて判断しよう**
2　いろいろなグラフ

サクッと
こたえ
あわせ

答え 88ページ

[人口を人口ピラミッドで表すと、年れい別の人口のちらばりの様子がわかります。]

❶ 右のグラフは、1970年と2020年の ある県の総人口と人口のちらばりを表した ものです。グラフを見て、次の問題に答え ましょう。　📖教115ページ❶

100点(1つ20)

① 〈資料1〉のグラフから、この県の 1970年、2020年の総人口はおよ そ何万人ですか。

　　㋐1970年　（約 150万人）

　　㋑2020年　（　　　　　）

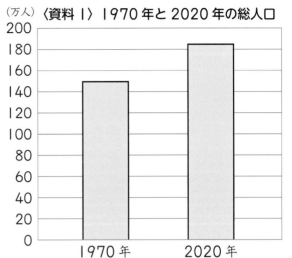

〈資料1〉1970年と2020年の総人口

② 〈資料2〉のグラフから、1970 年の男性で、いちばん人口が多い 階級はどの階級ですか。

　　（　　　　　　　　）

③ 〈資料2〉のグラフから、年れい 別の人口のちらばりが少ないと考 えられるのは、1970年、 2020年のどちらですか。

　　（　　　　　　　　）

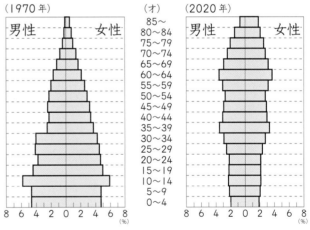

〈資料2〉1970年と2020年の人口ピラミッド

④ 1970年から2020年にかけての19才以下の割合の変化の様子について、正 しいものを選び、記号で答えましょう。

　㋐ 割合は変わっていない。

　㋑ 割合は増えている。

　㋒ 割合は減っている。

　㋓ 〈資料2〉のグラフからは判断できない。　　　　　（　　　　　　　　）

教科書 📖 **115ページ**

1 下の 10 個のデータについて、次の問題に答えましょう。　50点（①20、②1つ10）

3　6　7　7　1　3　3　5　9　6

① 1つのデータを●で表して、ドットプロットに表しましょう。

```
    |  |  |  |  ●  |  |  |  |  |  |
    0  1  2  3  4  5  6  7  8  9  10
```

② 次の代表値を求めましょう。

⑦ 平均値　　　　　　　⑦ 中央値　　　　　　　⑦ 最頻値

（　　　　　　）　　（　　　　　　）　　（　　　　　　）

2 下の表は、ある学校の6年女子の身長を調べたものです。　50点（①②1つ20、③10）

身長調べ

141.3	149.2	151.6	144.5	146.4	140.1
142.2	143.5	135.7	147.0	154.8	148.9
140.1	141.7	152.4	135.2	133.3	148.6

① 人数を、下の度数分布表にまとめましょう。
② 人数を、下のヒストグラムに表しましょう。

身長調べ

身　長(cm)	人数(人)
130 以上 ～ 135 未満	
135　　～140	
140　　～145	
145　　～150	
150　　～155	
合　　　計	

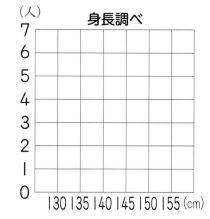

③ 身長が 140 cm 未満の度数の合計は、全体の度数の合計のおよそ何％ですか。答えは四捨五入して上から2けたのがい数で求めましょう。

（　　　　　　　　）

●円の面積

⑧ 円の面積の求め方を考えよう……（1）

[円の面積について、半径の長さを１辺とする正方形の面積の何倍くらいか見当をつけます。]

❶ 次のようにして、半径 20 cm の円の面積の見当をつけましょう。

📖教122〜123ページ❷ 70点（1つ7）

① 円の $\frac{1}{4}$ を、１めもり１cm の方眼にかいて考えました。

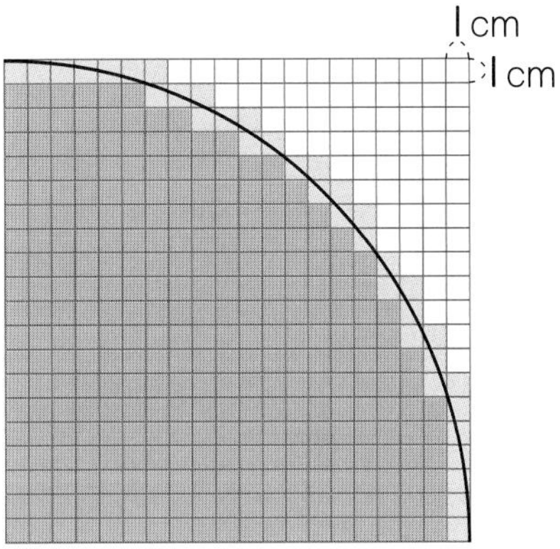

　　■の数は 294 こで、⑦[294] cm²

　　■の数は 37 こで、この面積は半分と考えて、

　　④[18.5] cm²

　　円全体の面積は、⑨[　　]×4=⑤[　　]

　　　　　　　　答え　約 [　⑤　] cm²

② 円を右の図のように 32 等分して考えました。
右の⑧の図形を三角形とみます。

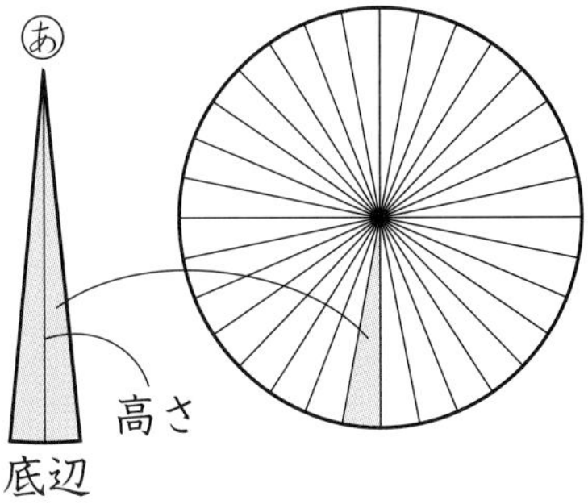

底辺は円周の $\frac{1}{32}$ と考えると、底辺の長さは、

⑦[　　]×2×3.14÷32=⑪[　　]

高さは円の半径と考えると、

⑧の面積は、[　⑪　]×20÷2=⑫[　　]

円の面積は、[　⑫　]×32=⑬[　　]　　　　答え　約 [　⑬　] cm²

③ ①、②で求めた円の面積は、１辺 20 cm の正方形の面積 400 cm² のそれぞれ
何倍になっていますか。　　　①（　　　　　　）②（　　　　　　）

[円の面積は「円の面積＝半径×半径×円周率」で求めることができます。]

❷ 下の図形の面積を求めましょう。　📖教125ページ③、⚠　　30点（1つ10）

①

6cm

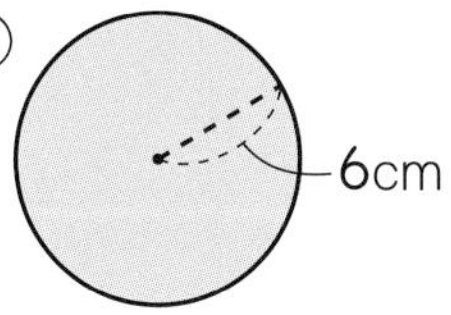

②
8cm

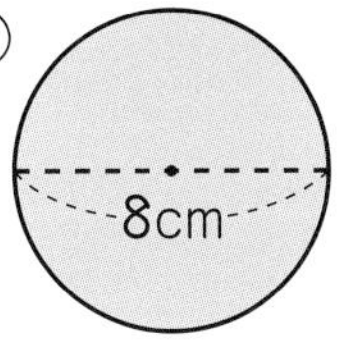

③
2cm

（　　　　　　　）　　（　　　　　　　）　　（　　　　　　　）

教科書📖 120〜125ページ

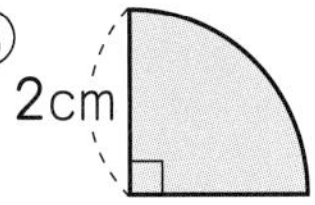

ドリル
40。

●円の面積
⑧ **円の面積の求め方を考えよう……(2)**

時間 **15**分 | 合格 **80**点 | ／100

サクッと
こたえ
あわせ
答え **89**ページ

[円の面積を求める公式を使って、円をふくむ図形の面積を求めます。]

1 半径**6**cm の半円と直径**6**cm の半円を右のようにかきました。

📖**教127〜129ページ4**　20点(①1つ5、②式5・答え5)

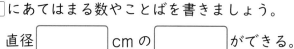

① ⑦と④の半円を組み合わせるとどんな図形ができますか。

  □にあてはまる数やことばを書きましょう。

  直径 [　　　] cm の [　　　　　] ができる。

② 色をぬった部分の面積を求めましょう。

式

答え (　　　　　　　)

2 下の図で、色をぬった部分の面積を求めましょう。　📖**教129ページ⚠**　80点(1つ20)

①

②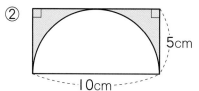

(　　　　　) 　　　　　　 (　　　　　)

③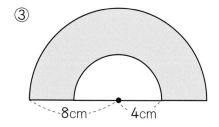

④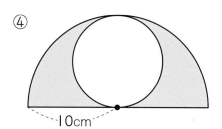

(　　　　　) 　　　　　　 (　　　　　)

教科書📖 **127〜129ページ**

●円の面積
⑧ 円の面積の求め方を考えよう

時間 **15分** ｜ 合格 **80点** ｜ /100

答え **89**ページ

1 次の円の面積を求めましょう。　　　　　20点(式5・答え5)
　① 　半径が9cmの円　　　　② 　直径が10cmの円
　式　　　　　　　　　　　　　式

　　　　　　答え (　　　　　)　　　　　　答え (　　　　　)

2 右の図形の面積を求めましょう。　20点(式10・答え10)
　式

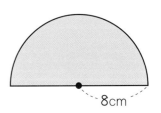

8cm

　　　　　　答え (　　　　　)

3 右の図のように、中心が同じ半径5cmの円と半径7cmの円があります。

30点(1つ15)

　① 　大きい円と小さい円の円周の長さのちがいは、何cmですか。

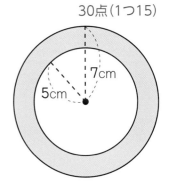

7cm
5cm

　　　　　　　　(　　　　　)

　② 　色をぬった部分の面積を求めましょう。

　　　　　　　　(　　　　　)

4 円周の長さが94.2cmの円の、半径の長さと面積を求めましょう。　30点(1つ15)

　　　　　半径 (　　　　　)　　　面積 (　　　　　)

教科書 **120～132ページ**

●角柱と円柱の体積
⑨ **角柱と円柱の体積の求め方を考えよう……(1)**

サクッと
こたえ
あわせ

答え **89**ページ

[角柱の体積は「角柱の体積＝底面積×高さ」で求めることができます。]

1 右の図のような2つの角柱があります。 📖教135～137ページ**1**、**2**

70点（①③④式10・答え10、②10）

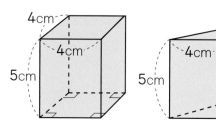

① 四角柱の体積を求めましょう。

式 $4 \times 4 \times 5$

答え（　　　　　　）

② 三角柱の体積は、四角柱の体積の何分のいくつですか。

（　　　　　　）

③ ②のことから、三角柱の体積を求めましょう。

式

答え（　　　　　　）

④ 三角柱の体積を、底面積×高さ　の公式を使って求めましょう。

式

答え（　　　　　　）

2 次の図のような角柱の体積を求めましょう。 📖教137ページ⚠ 　30点（式10・答え5）

① 式

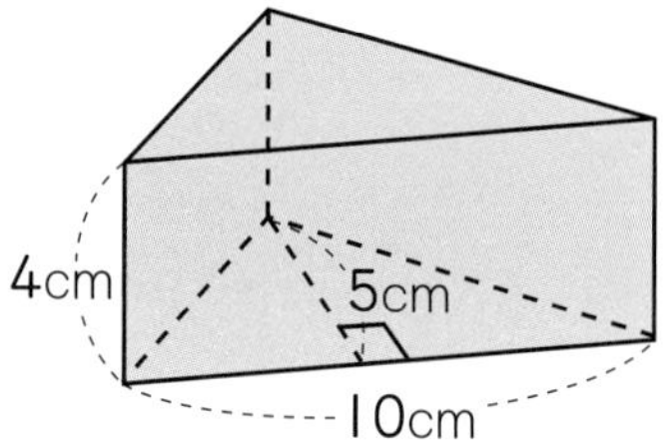

4cm
5cm
10cm

答え（　　　　　　）

② 式

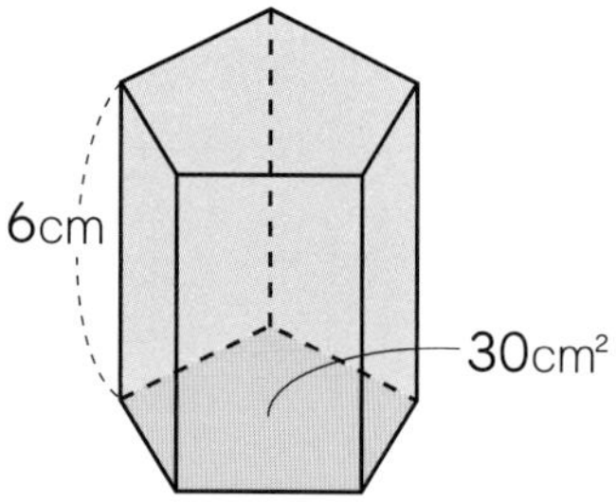

6cm
30cm²

答え（　　　　　　）

教科書 📖 **134～137ページ**

● 角柱と円柱の体積

⑨ **角柱と円柱の体積の求め方を考えよう……(2)**

答え 90ページ

[円柱の体積は「円柱の体積＝底面積×高さ」で求めることができます。]

❶ 右のように、直径8cm の円の色紙を積み上げ、高さが5cm の円
柱を作りました。 📖教137〜138ページ❸　　30点(式10・答え5)

① この円柱の底面積を求めましょう。

式

答え（　　　　　）

② できた円柱の体積を求めましょう。

式

答え（　　　　　）

❷ 次の図のような円柱の体積を求めましょう。 📖教138ページ⚠　30点(式10・答え5)

① 8cm 3cm

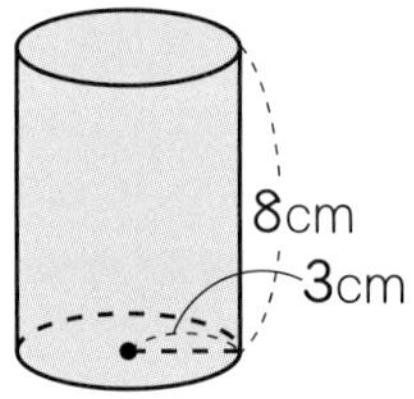

式

答え（　　　　　）

② 5cm 10cm

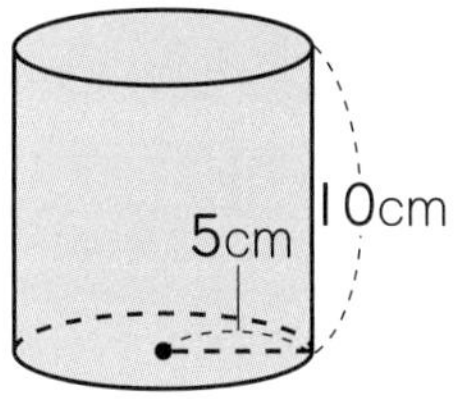

式

答え（　　　　　）

❸ 600 cm³ の水を、底面積が 50 cm² の四角柱の容器に入れました。水の高さは
何 cm になりますか。 📖教138ページ⚠　　20点(式10・答え10)

式

答え（　　　　　）

[角柱とみることによって、底面積×高さの式で体積が求められます。]

❹ 右の図のような立体の体積を、底面積×高さ
の式を使って求めましょう。 📖教139ページ❹

20点(式10・答え10)

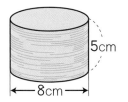

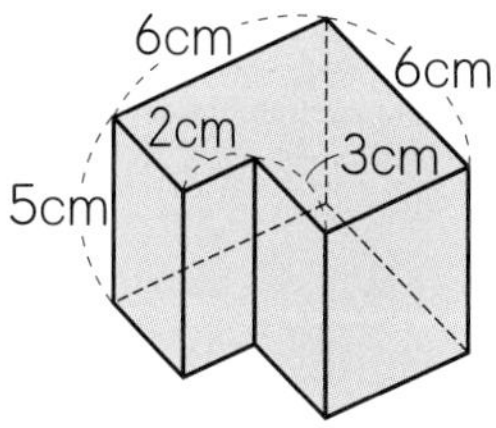

式

答え（　　　　　）

まとめの
ドリル
44

時間 15分 | 合格 80点 | /100 | 月 日

サクッと
こたえ
あわせ
答え 90ページ

● 角柱と円柱の体積
⑨ **角柱と円柱の体積の求め方を考えよう**

1 次の図のような立体の体積を求めましょう。　40点(式10・答え10)

①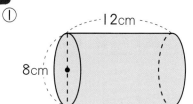

式

答え (　　　　　　)

②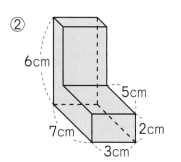

式

答え (　　　　　　)

2 右の図のような、四角柱と三角柱の形をした容器があります。　60点(式10・答え10)

① 四角柱の容器の容積を求めましょう。

式

答え (　　　　　　)

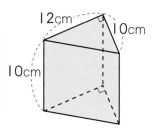

② 三角柱の容器の容積を求めましょう。

式

答え (　　　　　　)

③ 四角柱の容器いっぱいに入れた水を、三角柱の容器に移すと、深さ何cmのところまで入りますか。

式

答え (　　　　　　)

●およその面積と体積
⑩ **およその面積と体積を求めよう**

[どんな形に近いか考えて面積を求めます。]

❶ なおこさんの家の近くに、下のような形をした公園があります。

📖教142ページ❶　35点(①10、②式15・答え10)

① およそどんな形とみられますか。

（　正方形　）

500m　② およその面積を求めましょう。

式

500m

答え　約(　　　　　)

❷ まことさんの町には、下のような形をした野球場があります。およその面積を求めましょう。　📖教143ページ⚠　30点(式20・答え10)

式

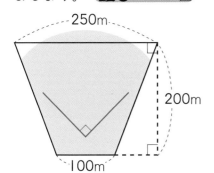

250m
200m
100m

およそどんな形と
みたらいいかな。

答え　約(　　　　　)

❸ 右のような形をしたケーキがあります。　📖教144ページ⚠

35点(①10、②式15・答え10)

① およそどんな形とみられますか。

（　　　　　）

② およその体積を求めましょう。

式

18cm

10cm

答え　約(　　　　　)

● 比例と反比例
⑪ **比例の関係をくわしく調べよう**
Ⅰ 比例の性質

［x の値と y の値の関係を調べて、比例の性質をまとめます。］

1 下の表は、ある鉄の棒の長さ x m と重さ y kg を表したもので、鉄の棒の重さは鉄の棒の長さに比例しています。 📖教152〜153ページ❶ 　60点（1つ6）

① 右の表を見て、□にあてはまる数を書きましょう。

鉄の棒の長さ　x(m)	2	4	6	8
鉄の棒の重さ　y(kg)	8	16	24	32

鉄の棒の長さが10mのときの重さは、長さが2mのときの重さの□倍だから、8×□=□(kg)になります。

鉄の棒の長さが3mのときの重さは、長さが6mのときの重さの□倍だから、24×□=□(kg)になります。

② 下の表の㋐、㋑、㋒、㋓にあてはまる数を答えましょう。

鉄の棒の長さ　x(m)	1	2	3	4	5	6	7	8
鉄の棒の重さ　y(kg)	㋐	8	㋑	16	㋒	24	㋓	32

㋐ (　　　　) ㋑ (　　　　) ㋒ (　　　　) ㋓ (　　　　)

2 下の表は、紙の枚数と重さを調べたものです。 📖教153ページ⚠

40点（①1つ12、②1つ8）

枚数　x(枚)	1	2	3	4	5	6
重さ　y(g)	3	6	9	12	15	18

① 重さは枚数に比例していますか。その理由も説明しましょう。

(　　　　　　　　)

理由 (　　　　　　　　　　　　)

② 枚数が8枚のときの重さは、枚数が3枚のときの重さの何倍ですか。
また、8枚のときの重さは何gですか。

倍 (　　　　　) 重さ (　　　　　)

教科書 📖 150〜153ページ

●比例と反比例
⑪　**比例の関係をくわしく調べよう**
2　比例の式

答え **90**ページ

[y が x に比例するとき、$y \div x$ はいつも決まった数になります。]

❶ 三角形の高さを8cmに決めて、底辺がいろいろな長さの三角形をかきます。底辺の長さが変わると、三角形の面積はどのように変わるか調べましょう。　📖教154〜155ページ❶

40点(1つ10)

① □にあてはまる数を書きましょう。

底辺の長さ x(cm)	1	2	3	4	5	6
面　　積 y(cm²)	4	8	12	16	20	24

・x の値の □ 倍は、いつも y の値になる。

・y の値を x の値でわると、いつも □ になる。

② x と y の関係を、$y \div x =$ 決まった数　と表すとき、決まった数はいくつになりますか。

（　　　　　　）

③ y を x の式で表しましょう。

$y = $ □ $\times x$

❷ 下の表は、ある針金の長さ x m と重さ y g を表したものです。　📖教154〜155ページ❶

60点(1つ15)

長さ　x(m)	2	4	6	8	10	12
重さ　y(g)	14	28	42	56	70	84

① 針金の重さは、長さに比例しますか。

（　　　　　　）

② この針金1mの重さは、何gですか。

（　　　　　　）

③ y を x の式で表しましょう。

（　　　　　　）

④ この針金20mの重さは何gですか。

（　　　　　　）

時間 **15**分 | 合格 **80点** | /100 | 月 日

サクッと
こたえ
あわせ

答え **90**ページ

● 比例と反比例
⑪ **比例の関係をくわしく調べよう**
3 比例のグラフ ……(1)

[比例する2つの数量の関係を表すグラフは、直線になり、0の点を通ります。]

1 下の表は、底辺が 10 cm の三角形の高さと面積の関係を表したもので、面積 y cm² は 高さ x cm に比例し、$y = 5 \times x$ という関係があります。 📖教 156〜157ページ❶

100点（①③1つ25、②④⑤1つ10）

高さ x(cm)	1	2	3	4	5	6	
面積 y(cm²)	5	10	15	20	25	30	

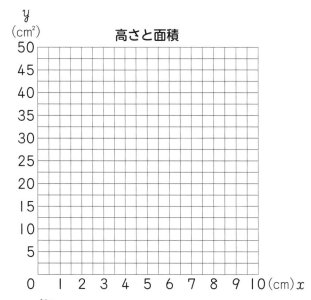

① 上の表の x と y の値の組を、上の図にとりましょう。

② x の値が0、4.5 のときの y の値を求めましょう。

　㋐　0のとき　（　　　　　　）

　㋑　4.5のとき　（　　　　　　）

③ グラフをかきましょう。

④ グラフは、どのようになりますか。

　　　　　　になり、　　　の点を通る。

⑤ 面積が 42.5 cm² のとき、高さは何 cm ですか。グラフから読み取りましょう。

（　　　　　　）

教科書📖 **156〜157ページ**

●比例と反比例
⑪ **比例の関係をくわしく調べよう**
3 比例のグラフ
……(2)

答え 91ページ

[比例のグラフを利用して、いろいろなことを読み取ることができます。]

1 あきさんは、分速60mで歩いています。下の表は、あきさんの歩く時間と道のりの関係を表したもので、道のり y m は時間 x 分に比例します。

時間　x（分）	10	20	30	40
道のり　y（m）	600	1200	1800	2400

また、下のグラフは、兄さんがあきさんと同時に出発して、同じ道を歩くときの、歩く時間 x 分と道のり y m の関係を表しています。　📖教158ページ⚠、159ページ2

100点（1つ20）

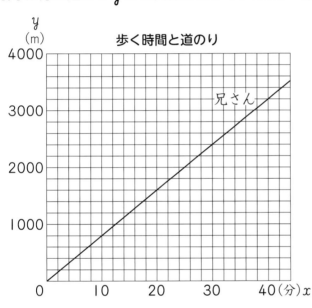

歩く時間と道のり

④や⑤では、グラフのどこを読み取ったらよいかな。

① あきさんについて、y を x の式で表しましょう。　（　　　　　　　）

② あきさんについて、x と y の比例の関係を表すグラフを上の図にかきましょう。

③ あきさんと兄さんでは、どちらが速いといえますか。　（　　　　　　　）

④ 2400mの地点を兄さんが通過してから、あきさんが通過するまでの時間は何分ですか。　（　　　　　　　）

⑤ 兄さんとあきさんが600mはなれるのは、2人が出発してから何分後ですか。
（　　　　　　　）

教科書 📖 158〜159ページ

●比例と反比例
⑪ 比例の関係をくわしく調べよう
4 比例の利用 ……(1)
時間 15分　合格 80点 ／100　月 日

サクッとこたえあわせ
答え 91ページ

[比例の関係を使って、決められた個数を用意する方法を考えます。]

1 同じ大きさ、同じ材質の木片(もくへん)がいくつかあります。この木片 10 個の重さをはかると、30 g でした。この木片を 500 個用意するときの方法を考えます。⑦〜⑦にあてはまる数を答えましょう。　📖教161〜163ページ❶　　　80点(1つ10)

① 重さは個数に比例すると考えて、木片 1 個の重さを求める。

木片 1 個の重さは、⑦÷⑦=⑦

500 個の木片の重さは、⑦×500=㋔

したがって、木片を㋔ g 用意すればよい。

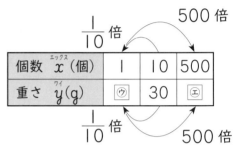

個数 x(個)	1	10	500
重さ y(g)	⑦	30	㋔

⑦ (　　　)　⑦ (　　　)　⑦ (　　　)　㋔ (　　　)

② 重さは個数に比例すると考えて、決まった数を求める。

決まった数は、

10×□=30

□=㋒÷㋕

=㋖

500 個の木片の重さは、500×㋖=㋗

したがって、木片を㋗ g 用意すればよい。

個数 x(個)	10		500	
重さ y(g)	30	×㋖	㋗	×㋖

㋒ (　　　)　㋕ (　　　)　㋖ (　　　)　㋗ (　　　)

2 同じ種類のくぎ 10 本の重さは 15 g でした。このくぎを全部数えないで 600 本用意する方法を答えましょう。　📖教161〜163ページ❶

20点(式10・答え10)

本数 x(本)	10	600
重さ y(g)	15	□

式

答え (　　　　　　　　　　)

●比例と反比例

⑪ **比例の関係をくわしく調べよう**

4 比例の利用 ……(2) **答え 91ページ**

[比例の関係を使って、およその時間を求めます。]

❶ 下の図のように、ゆうこさんの家から公園まで行く道のとちゅうにみちこさんの家があります。ゆうこさんは家を出発してから公園まで行くのに 20 分かかります。ゆうこさんが家を出発して x 分で y m 進むとして、次の問題を考えてみましょう。

📖教164ページ❷ 60点(①20、②式20・答え20)

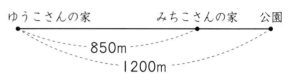

	ゆうこさんの家からみちこさんの家まで	ゆうこさんの家から公園まで
時間 x(分)	□	20
道のり y(m)	850	1200

① y は x に比例すると考えて、y を x の式で表しましょう。

( )

② みちこさんの家の前を通過するのは、出発してからおよそ何分後ですか。

式 答え ( )

[比例の関係を利用して、木の高さを求めることができます。]

❷ 100 cm の棒のかげの長さが 80 cm ありました。このとき、近くにある木のかげの長さは 280 cm ありました。 📖教164ページ❸ 40点(①1つ10、②式10・答え10)

① 木の高さを、次の考え方で求めます。⑦、⑦にあてはまる数を求めましょう。

⑦( ) ⑦( )

・比例の性質を利用する。

		棒	木
高さ x(cm)		100	□
かげの長さ y(cm)		80	280

⑦倍

・比の考えを利用する。

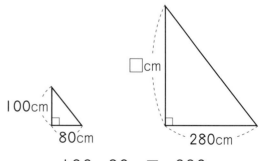

100:80=□:280

⑦倍

② 木の高さは何 m ですか。

式 答え ( )

●比例と反比例

⑪ **比例の関係をくわしく調べよう**

5　練習

1 下の表は、牛肉の重さと代金の関係を表したもので、代金 y 円は重さ x g に比例します。

📖教165ページ⚠　50点（①②1つ10、③式5・答え5）

重さ x(g)	200	400	㋑	800	
代金 y(円)	㋐	2800	4200	㋒	

① 表の㋐、㋑、㋒にあてはまる数を答えましょう。

㋐ （　　　　　） ㋑ （　　　　　） ㋒ （　　　　　）

② y を x の式で表しましょう。

（　　　　　　　　）

③ 9100円で、この牛肉は何 g 買えますか。

式

答え （　　　　　　　　）

2 次の場面で、□ の数量に比例する数量を見つけましょう。　📖教165ページ⚠

30点（1つ10）

① 正方形の |1辺の長さ| が変わるとき

（　　　　　　　　）

② 5分間を |ある速さ| で歩くとき

（　　　　　　　　）

③ 縦の長さが3cmの長方形の |横の長さ| が変わるとき

（　　　　　　　　）

3 5mの重さが85gの針金があります。

この針金が34gあるとき、長さは何mですか。

針金の重さは長さに比例すると考えて答えましょう。

📖教165ページ⚠　20点（式10・答え10）

長さ（m）	□	5
重さ（g）	34	85

式

答え （　　　　　　　　）

教科書 📖 **165ページ**

時間 **15**分 ｜ 合格 **80**点 ｜ /**100**

サクッと
こたえ
あわせ

●比例と反比例

⑪ **比例の関係をくわしく調べよう**

6 反比例 ……(１) 答え **91**ページ

x の値が2倍、3倍、…になると、それにともなって y の値が $\frac{1}{2}$ 倍、$\frac{1}{3}$ 倍、…になるとき、「y は x に反比例する」といいます。

1 下の表は、面積が 72 cm² の長方形の縦の長さを x cm、横の長さを y cm として、x と y の関係を表したものです。 📖教167～168ページ❶   68点(①②1つ8、③12)

① 表の㋐～㋔にあてはまる数を答えましょう。

㋐ (   ) ㋑ (   )

㋒ (   ) ㋓ (   )

縦 x(cm)	1	2	3	4	5	6
横 y(cm)	72	36	24	18	14.4	12

（2倍、3倍、4倍、2倍の矢印。下に ㋐倍、㋑倍、㋒倍、㋓倍の表記）

② 表を見て、次の □ にあてはまる数を書きましょう。

縦の長さが2倍、3倍、4倍、…になるとき、それにともなって横の長さは

□倍、□倍、□倍、…となります。

③ y は x に反比例していますか。

(   )

2 下の表は、30 km の道のりを時速 x km で進むときのかかった時間を y 時間として、x と y の関係を表したものです。 📖教168ページ②   32点(①12、②20)

① y は x に反比例していますか。

(   )

時速 x(km)	1	2	3	4	5
時間 y(時間)	30	15	10	7.5	6

② ①でそのように考えた理由を説明しましょう。

(   )

教科書 📖 **166～168ページ**

時間 **15**分 ／ 合格 **80**点 ／**100**

月　日

答え **91** ページ

● 比例と反比例

⑪　比例の関係をくわしく調べよう
6　反比例
……(2)

y ワイ が x エックス に反比例するとき、x の値が $\frac{1}{2}$ 倍、$\frac{1}{3}$ 倍、…になると、それにともなって y の値は2倍、3倍、…になります。

1 面積が 24 cm² の平行四辺形の高さ y cm は、底辺の長さ x cm に反比例します。

📖教169〜170ページ**2**　40点(1つ10)

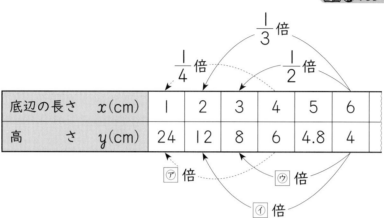

底辺の長さ x(cm)	1	2	3	4	5	6	
高　さ y(cm)	24	12	8	6	4.8	4	

①　上の表の㋐〜㋒にあてはまる数を答えましょう。

㋐ (　　　　　) ㋑ (　　　　　) ㋒ (　　　　　)

②　反比例では、x の値が $\frac{1}{2}$ 倍になると y の値は2倍になります。$\frac{1}{2}$ と2のような 2つの数の関係を何といいますか。

(　　　　　　　　　　)

$\frac{1}{2} \times 2 = 1$ となる関係だね。

2 下の表で、y は x に反比例します。反比例の性質を利用して、表のあいているところに数を書きましょう。　📖教173ページ⚠

60点(1つ10)

①

x	2		4	
y		12	9	4

②

x	5	10	25	
y			2	1

x の値が $\frac{1}{\square}$ 倍になると、y の値は $\square$ 倍になることを利用するんだね。

教科書📖 **169〜170、173ページ**

時間 15分　合格 80点　/100

● 比例と反比例
⑪　比例の関係をくわしく調べよう
6　反比例
……(3)　答え 91ページ

1 下の表は、かずおさんが家から駅まで行くとき、かかる時間が速さに反比例しているようすを表しています。 📖教170〜171ページ❸

40点(①②1つ4、③式10・答え10)

分速 x(m)	50	60	80	100
時間 y(分)	24	20	15	12

① 分速を x m、そのときにかかる時間を y 分として、次の式の □ に、あてはまることばや数を書きましょう。

速さ × 時間 = □

x × y = □

② ①の式から、y を x の式で表しましょう。 （　　　　　）

③ 駅まで10分で行くときの分速を求めましょう。

式

答え（　　　　　）

2 ある1冊の本を、1日に x ページずつ、y 日間で読むとします。下の表は、その本を読むときの、1日に読むページ数と日数の関係を表したものです。 📖教173ページ△

60点(1つ10)

1日に読むページ数 x(ページ)	10	15	20	30	40
日数　　　　　　　　 y(日)	24	16	12	8	6

① 日数は、1日に読むページ数に、反比例していますか。理由も説明しましょう。

（　　　　　）

理由（　　　　　　　　　　　　　　　）

② 1日に読むページ数 x の値と、日数 y の値の積は、何を表していますか。

（　　　　　）

③ y を x の式で表しましょう。 （　　　　　）

④ x の値が24のときの y の値を求めましょう。 （　　　　　）

⑤ y の値が48のときの x の値を求めましょう。 （　　　　　）

教科書 📖 170〜171、173ページ

●比例と反比例
⑪ **比例の関係をくわしく調べよう**
6 反比例
……(4)

1 容器に 24L の水を入れるとき、｜分間に入れる水の量とかかる時間の関係について、下の問題に答えましょう。 📖教171〜172ページ❹　　　100点(①③④1つ25、②1つ5)

① ｜分間に入れる水の量を x L、かかる時間を y 分として、y を x の式で表しましょう。

(　　　　　　　)

② x の値に対応する y の値を求めましょう。

｜分間に入れる水の量　x(L)	1	2	3	4	6	8	12	24
かかる時間　　　　　y(分)	24	12						1

③ ②の表の x と y の値の組を、下の図にとりましょう。

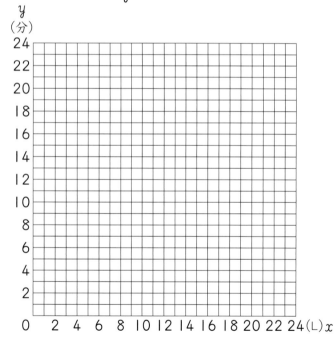

比例のグラフは直線で、
0の点を通ったね。

④ ③でとった点で、となりどうしの点を直線で結んで、グラフをかきましょう。

教科書 📖 **171〜172ページ**

●比例と反比例
⑪ **比例の関係をくわしく調べよう**

1 次のことがらのうち、ともなって変わる2つの数量が、比例しているものには○、反比例しているものには△、どちらでもないものには×をつけましょう。　30点(1つ10)

①　面積が 40 cm² の長方形を作るときの、縦の長さと横の長さ　　　（　　　）

②　縦の長さが6cm の長方形の、横の長さと面積　　　（　　　）

③　まわりの長さが 40 cm の長方形の、縦の長さと横の長さ　　　（　　　）

2 右のグラフは、空のプールに水を入れるときの、水を入れた時間 x 時間とプールの水の深さ y cm の関係を表しています。　30点(1つ10)

① 水を1時間入れるごとに、プールの水の深さは何 cm ずつ増えますか。

（　　　　　　）

② y を x の式で表しましょう。

（　　　　　　）

③ プールに深さ 100 cm まで水を入れるには、何時間かかりますか。

（　　　　　　）

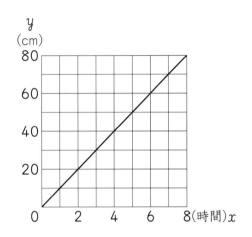

3 面積を変えないで、平行四辺形をいろいろかくことにしました。
下の表は、平行四辺形の底辺の長さを x cm、高さを y cm として、そのようすを表したものです。　40点(①は全部できて10、②③④1つ10)

底辺　x (cm)		4	6			20
高さ　y (cm)	32		8	5	3	

① 表のあいているところに、あてはまる数を書きましょう。

② 底辺の長さ x と、高さ y の積は、何を表していますか。（　　　　　　）

③ y を x の式で表しましょう。（　　　　　　）

④ y の値が 24 のときの x の値を求めましょう。（　　　　　　）

教科書 150〜175ページ

仕上げの
ホームテスト
58.

時間 15分 ｜ 合格 80点 ｜ ／100 ｜ 月　日

サクッと
こたえ
あわせ

答え 92ページ

拡大図と縮図／データの調べ方／円の面積

1 右の図は、三角形ＡＢＣを拡大して、三角形ＡＤＥを
かいたところを示しています。　　　　40点(1つ10)

① 三角形ＡＤＥは、三角形ＡＢＣの何倍の拡大図で
すか。

（　　　　　　　）

② 次の辺の長さや角の大きさを書きましょう。

辺ＡＥの長さ　　　　（　　　　　　　）

角Ｄの大きさ　　　　（　　　　　　　）

角Ｅの大きさ　　　　（　　　　　　　）

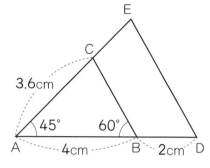

2 下の図は、あるクラスの 20 人が、バスケットボールのフリースローを 10 回ずつ
行ったとき、入った回数の記録をドットプロットにまとめたものです。下の⑦、⑦の
代表値を求めましょう。　　　　20点(1つ10)

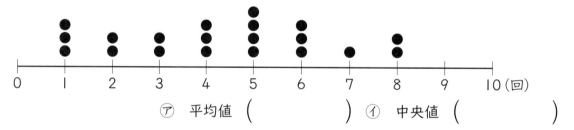

⑦　平均値（　　　　　　　）　⑦　中央値（　　　　　　　）

3 右の図のように、半径３cm の円⑦と半径６cm の円⑦
があります。　　　　40点(1つ10)

① 円⑦の円周の長さは、円⑦の円周の長さの何倍で
すか。

（　　　　　　　）

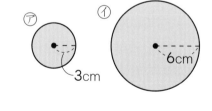

② 円⑦と円⑦の面積をそれぞれ求めましょう。

⑦（　　　　　　　）　⑦（　　　　　　　）

③ 円⑦の面積は、円⑦の面積の何倍ですか。

（　　　　　　　）

時間 15分 ｜ 合格 80点 ｜ /100

角柱と円柱の体積／およその面積と体積／
比例と反比例

サクッと
こたえ
あわせ

答え 92ページ

1 下の角柱や立体の体積を求めましょう。　　　　30点(1つ15)

① 6cm 4cm
8cm

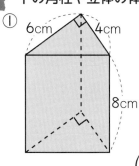

② 3cm
6cm

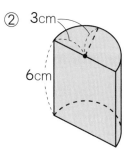

(　　　　　　　) 　　　(　　　　　　　)

2 右の図のようなペットボトルで、10cmの高さまで飲み物が入っています。飲み物はおよそ何cm³入っていますか。　　　20点(式10・答え10)

式

6cm

10cm

答え　約(　　　　　　　)

3 右の表で、y は x に比例します。表のあいているところに数を書きましょう。また、y を x の式で表しましょう。　30点(表は1つ5・式10)

x(m)	1	2	4		8
y(円)		90		270	

式 (　　　　　　　　　　　　)

4 右の表は、Aさんが家から公園までの道のりを分速 x m で歩くときにかかる時間を y 分として、x と y の関係を表したものです。　20点(1つ10)

分速　　　x(m)	30	40	48	60
かかる時間 y(分)	16	12	10	8

① 家から公園までの道のりは何mですか。

(　　　　　　　)

② 分速32mで歩くときにかかる時間は何分ですか。

(　　　　　　　)

いほんの
ドリル
60.

| 時間 **15**分 | 合格 **80**点 | /100 | | 月　　日 |

サクッと
こたえ
あわせ

●並べ方と組み合わせ方

⑫ **順序よく整理して調べよう**

１　並べ方　　　　　　　　　　　　　……(１)　　答え **93**ページ

[並ぶ順番のちがいを区別する並べ方について考えます。]

❶ 　 1 　、 2 　、 3 　、 4 　の4枚のカードを並べて、4けたの整数をつくります。

📖教 177〜179ページ❶　　60点（①②は全部できて20、③④1つ10）

① 　千の位に 1 のカードを並べるときについて、右のような表をつくって調べました。□にあてはまる数字を書きましょう。

千の位	百の位	十の位	一の位
1	2	3	4
1	2	4	3
1	3	□	□
1	3	□	□
1	4	□	□
1	□	□	□

② 　千の位に 1 のカードを並べるときについて、右のような樹形図をかいて調べました。□にあてはまる数字を書きましょう。

③ 　千の位が1となる整数は、何通りできますか。

（　　　　　　）

④ 　千の位が、2、3、4となる整数も、1のときと同じ数だけできると考えられます。4けたの整数は、全部で何通りできますか。

（　　　　　　）

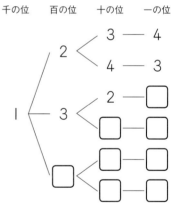

千の位　　百の位　　十の位　　一の位

❷ A、B、Cの3人が順番に並びます。　📖教 177〜179ページ❶　　40点（1つ20）

① 　右に樹形図をかいて、Aが1番めに並ぶ場合の並び方を調べましょう。

② 　3人が並ぶ順序は、全部で何通りありますか。

（　　　　　　）

1番め	2番め	3番め
A		

教科書 📖 **176〜179**ページ

●並べ方と組み合わせ方
⑫ **順序よく整理して調べよう**
I 並べ方 ……(2)

答え 93ページ

[樹形図を使って、落ちや重なりがないように調べます。]

1 A、B、C、Dの4人の中から2人を選んで、会長と書記を決めます。

📖教179ページ❷ 40点（1つ20、①は全部できて20）

① 右のような図に表して、会長と書記の決め方を全部書いてみましょう。

② 会長と書記の決め方は、全部で何通りありますか。

（　　　　　　）

会長　書記　　会長　書記　　会長　書記　　会長　書記

A ＜ B・C・D　　B ＜ A・C・□

2 1円、10円、50円、100円の4種類のお金が1枚ずつあります。この4枚のお金を投げるとき、次の問題に答えましょう。　📖教180ページ❸

60点（1つ20、①は全部できて20）

① 表が出た場合を○、裏が出た場合を⊗として、表と裏の出方を、樹形図をかいて調べましょう。

1円　10円　50円　100円　　1円　10円　50円　100円

② 表と裏の出方は、全部で何通りありますか。

（　　　　　　）

③ 1枚だけ裏が出る出方は、全部で何通りありますか。

（　　　　　　）

[「A対B」と「B対A」は同じ試合なので、「B対A」の場合はのぞいて数えます。]

1 A、B、C、D、Eの5つのチームで、バレーボールの試合をします。どのチームも、ちがったチームと1回ずつ試合をするとき、どんな対戦があるか調べましょう。

📖教181〜183ページ**1** 100点(①③⑤1つ20、②④⑥⑦1つ10)

① 樹形図をかいて、5つのチームの対戦を調べましょう。

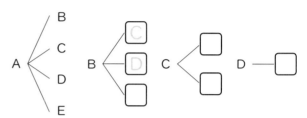

② Aチームは、全部で何試合しますか。

(試合)

③ 対戦の表をかいて、5つのチームの対戦を調べましょう。

	A	B	C	D	E
A		○			
B				㋐	
C					
D					
E					

④ ③でかいた表の㋐は、どのチームとどのチームの対戦を表していますか。

(   )

⑤ 五角形を利用して、5つのチームの対戦を調べましょう。

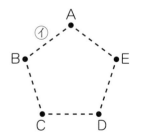

⑥ ⑤で、五角形の辺㋑は、どのチームとどのチームの対戦を表していますか。

(   )

⑦ 5つのチームの対戦は、全部で何通りありますか。

(   )

教科書 📖 181〜183ページ

●並べ方と組み合わせ方
⑫ **順序よく整理して調べよう**
2 組み合わせ方 ……(2)

答え 93ページ

[落ちや重なりがないように記入していき、組み合わせ方を考えます。]

❶ A、B、Cの3人の中から2人を選んで、テニスのダブルスのチームを作るとき、全部で何通りのチームが考えられるか求めましょう。 📖教183ページ⚠️ 30点(1つ10)

① まずAを選んだときの、他の1人を選ぶ方法

A—B、A—[C]

② 次にBを選んだときの、他の1人を選ぶ方法

B—[　]

③ すべてのチームの選び方は、[　]通り。

A—BとB—Aは、チームとしては同じだね。

❷ 赤、青、黄、緑の4枚の折り紙の中から3枚を選ぶとき、4通りの選び方があります。

選ぶ折り紙の色に○をつけて、4通りの組み合わせを右の表にかきましょう。 📖教183ページ⚠️ 20点

赤	青	黄	緑
○	○	○	

❸ A市からB市へ行くのにはa、b、cの3本の道があり、B市からC市に行くのにはd、eの2本の道があります。 📖教184ページ 50点(①③1つ10、②1つ5)

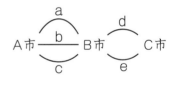

① A市からB市へ行くのには何通りの方法がありますか。

(　　　　　)

② A市からB市を通ってC市に行く方法を、樹形図をかいて調べましょう。

③ A市からB市を通ってC市に行く方法は、全部で何通りありますか。

(　　　　　)

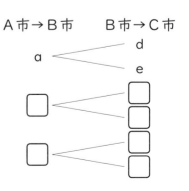

まとめ
ドリル
64

時間 15分 ｜ 合格 80点 ｜ /100

月　日

サクッと
こたえ
あわせ

答え 94ページ

● 並べ方と組み合わせ方
⑫ **順序よく整理して調べよう**

1 1、2、3、4の4個の数字から3つ選び、それを並べて3けたの整数をつくります。全部で何通りの整数ができますか。下の樹形図を使って求めましょう。

70点(⑦～⑤全部できて15、⑦10)

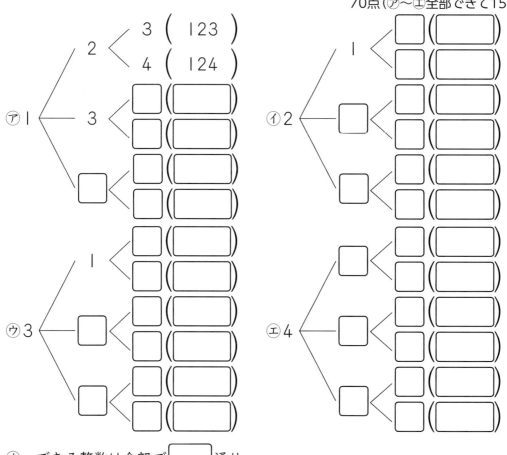

⑦ できる整数は全部で ☐ 通り。

2 みかん、バナナ、かき、なし、りんご、ぶどうの6種類のくだものの中から2種類を選びます。

30点(1つ15)

① 右の図を利用して、2種類のくだものの選び方を調べましょう。

② 2種類のくだものの選び方は、全部で何通りありますか。

(　　　　　　　　　)

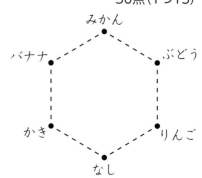

教科書 176～185ページ

プログラミング

サクッと
こたえ
あわせ

答え 94ページ

プログラミングを体験しよう

[問題解決に必要な手順について理解しよう。]

❶ 1〜4の数が右のように並んでいます。これらの数を、下の㋐、㋑、㋒のことができるコンピュータを使って大きい順に並べかえます。

1番め	2番め	3番め	4番め
2	4	3	1

㋐　1番めから順に数を調べる。

㋑　今調べる数（今の数）と次の数の大きさを比べる。

㋒　今の数 < 次の数ならば、数を入れかえる。

次の□にあてはまる数を書きましょう。また（　）の中のあてはまるものを○でかこみましょう。　📖教232〜233ページ　90点（□は1つ5、（　）は1つ10）

① 1番めの数を調べる。

1番めの数（今の数）2と2番めの数（次の数）4では、□番めの数が大きいので、数を（ 入れかえる ／ 入れかえない ）。

数を左から順に書くと、□、□、3、1 となる。

② 2番めの数を調べる。

2番めの数（今の数）が□、3番めの数（次の数）が3となるので、数を（ 入れかえる ／ 入れかえない ）。

数を左から順に書くと、□、□、□、1 となる。

③ 3番めの数を調べる。

3番めの数（今の数）が□、4番めの数（次の数）が1となるので、数を（ 入れかえる ／ 入れかえない ）。

数を左から順に書くと、□、□、□、□ となる。

❷ 問題を解決するための決まった手順のことを何といいますか。　📖教233ページ

10点

（　　　　　　　　　）

教科書 📖 232〜233ページ

●算数のしあげ
⑬ **算数の学習をしあげよう**
1　数と計算 ……(1)

時間 **15**分　合格 **80**点　/**100**

月　日

サクッと
こたえ
あわせ

答え **94**ページ

1 次の数を書きましょう。　　　　　　　　　　　　　　　20点(1つ5)

① 1億を3こ、1000万を4こ、10万を2こあわせた数。　（　　　　　）

② 654600 は、100を何こ集めた数ですか。　（　　　　　）

③ 30万を1000倍した数。　（　　　　　）

④ 230万を $\frac{1}{1000}$ にした数。　（　　　　　）

2 次の数を書きましょう。　　　　　　　　　　　　　　　35点(1つ5)

① 10を3こ、0.1を2こ、0.01を7こあわせた数。　（　　　　　）

② 2.4は、何を24こ集めた数ですか。　（　　　　　）

③ 0.01を316こ集めた数。　（　　　　　）

④ 2.5を100倍した数。　（　　　　　）

⑤ 1.35を $\frac{1}{10}$ にした数。　（　　　　　）

⑥ $\frac{1}{5}$ を2こ集めた数。　（　　　　　）

⑦ 3は、$\frac{1}{100}$ を何こ集めた数ですか。　（　　　　　）

3 分数は小数で、小数は分数で表しましょう。　　　　　20点(1つ5)

① $\frac{7}{8}$ （　　　　）　② $\frac{16}{5}$ （　　　　）　③ 0.53 （　　　　）　④ 2.9 （　　　　）

4 ①〜③にあてはまる整数か小数を、④、
⑤にあてはまる分数を書きましょう。

25点(1つ5)

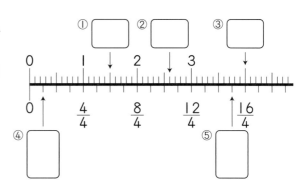

教科書 **196〜197ページ**

●算数のしあげ

⑬ 算数の学習をしあげよう

I 数と計算 ……(2)

1 次の小数のたし算やひき算をしましょう。 20点(1つ5)

① 9.2+10.9

② 13.5+3.54

③ 2.9−2.6

④ 8−6.4

2 次の分数のたし算やひき算をしましょう。 20点(1つ5)

① $\dfrac{2}{5}+\dfrac{1}{5}$

② $\dfrac{1}{9}+\dfrac{2}{3}$

③ $5\dfrac{1}{4}-2\dfrac{3}{4}$

④ $\dfrac{5}{12}-\dfrac{1}{4}$

3 ☐ にあてはまる数を書きましょう。 20点(1つ10)

① $(90+58)+42=90+(\boxed{}+42)$

② $0.9+5.4=5.4+\boxed{}$

4 次の計算をしましょう。 20点(1つ10)

① 8.9+14.7+5.4

② $\dfrac{7}{5}+\left(\dfrac{13}{15}-\dfrac{2}{3}\right)$

5 次の数量の関係を、文章のとおりに x や y を使った式に表しましょう。 20点(1つ10)

① 500ページの本のうち、x ページ読むと残りは y ページです。

( )

② x 円のケーキを150円の箱に入れると、代金の合計は y 円になります。

( )

教科書 198ページ

サクッと
こたえ
あわせ

●算数のしあげ
⑬ **算数の学習をしあげよう**
Ⅰ 数と計算
……(3)

答え **94ページ**

1 次の計算をしましょう。わり算は、わりきれるまで計算しましょう。　50点(1つ5)

① 325×12

② 345÷23

③ 9.8×3.1

④ 2.05×4.2

⑤ 62.4÷6.5

⑥ 23.4÷3.9

⑦ $\frac{6}{7} \times \frac{14}{15}$

⑧ $6 \times \frac{2}{3}$

⑨ $\frac{5}{8} \div \frac{3}{4}$

⑩ $6\frac{2}{3} \div 1\frac{1}{6}$

2 くふうして次の計算をしましょう。　10点(1つ5)

① 15×9.8

② $\left(\frac{7}{8} - \frac{5}{6}\right) \times 24$

3 次の数量の関係を、文章のとおりに x や y を使った式に表しましょう。　10点(1つ5)

① x L のジュースを 5 人で等分したら、1 人分は y L になりました。

(　　　　　　　　)

② 広さ x m² の公園の 1.3 倍の広さは、y m² です。

(　　　　　　　　)

4 (　)の中の数の、最小公倍数、最大公約数を求めましょう。　20点(1つ5)

① (8、14)

最小公倍数(　　　　) 最大公約数(　　　　)

② (18、24)

最小公倍数(　　　　) 最大公約数(　　　　)

5 次の数を四捨五入して、〔　〕の中の位までのがい数にしましょう。　10点(1つ5)

① 1632〔百の位〕

② 23850〔千の位〕

(　　　　　　　) (　　　　　　　)

教科書 **199～200ページ**

時間 **15**分 ｜ 合格 **80点** ｜ /**100**

サクッと
こたえ
あわせ

●算数のしあげ
⑬ **算数の学習をしあげよう**
2 **図形**
……(1) 答え **95**ページ

1 次のそれぞれの四角形の対角線の性質がいつでもあてはまるものに、〇を書きましょう。

50点(1つ全部できて10)

性質 ＼ 名前	①正方形	②長方形	③台形	④平行四辺形	⑤ひし形
2本の対角線の長さが等しい					
2本の対角線が垂直に交わる					
対角線が交わった点から4つの頂点までの長さが等しい					
対角線がそれぞれのまん中の点で交わる					

2 右の図を見て、□ にあてはまる数を書きましょう。

10点(1つ5)

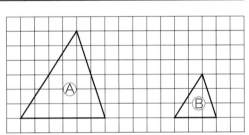

① 三角形Ⓑは、三角形Ⓐの ［　　］ の縮図です。

② 三角形Ⓐは、三角形Ⓑの ［　　］ 倍の拡大図です。

3 次の図形をかきましょう。

30点(1つ15)

① 直線アイを対称の軸とした線対称な図形

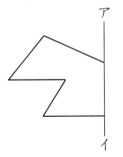

② 点〇を対称の中心とした点対称な図形

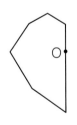

4 下の図で、ぁ、ぃの角度はそれぞれ何度ですか。

10点(1つ5)

①

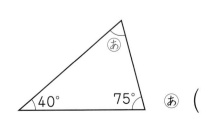

ぁ (　　)

②

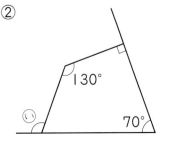

ぃ (　　)

教科書 **202〜203**ページ

●算数のしあげ
⑬ **算数の学習をしあげよう**
2　図形
……(2)

時間 15分　合格 80点　/100

月　日

サクッと こたえ あわせ
答え 95ページ

1 次の図形の面積を求めましょう。①は平行四辺形です。　　24点(1つ8)

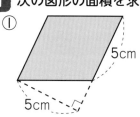
① 5cm 5cm

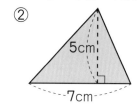
② 5cm 7cm

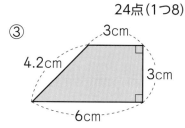
③ 3cm 4.2cm 3cm 6cm

（　　　　　）　　　　（　　　　　）　　　　（　　　　　）

2 次の図形の色をぬった部分のまわりの長さや面積を求めましょう。　　28点(1つ7)

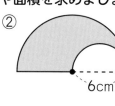
① 9cm

② 6cm

まわりの長さ（　　　　　）　　　まわりの長さ（　　　　　）
　　面積（　　　　　）　　　　　　面積（　　　　　）

3 次の立体の体積を求めましょう。

48点(式8・答え8)

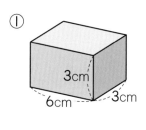
① 3cm 6cm 3cm

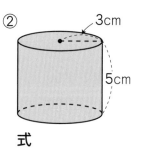
② 3cm 5cm

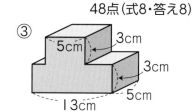
③ 5cm 3cm 3cm 5cm 13cm

式　　　　　　　式　　　　　　　式

答え（　　　　　）　答え（　　　　　）　答え（　　　　　）

教科書 204〜205ページ

● 算数のしあげ
⑬ **算数の学習をしあげよう**
3 測定／4 変化と関係……（1）

1 次の大きさを、（ ）の単位で表しましょう。　　　　　20点（1つ5）

① 6mm（cm）　（　　　　　）　② 4km（m）　（　　　　　）

③ 5.02kg（g）　（　　　　　）　④ 30g（kg）　（　　　　　）

2 おはじきを下のように並べ、正三角形を作ります。　　　　20点（1つ5）

1個　　　2個　　　3個　　　4個　　…

正三角形の1辺に並ぶおはじきの数を x 個、正三角形を作るのに使うおはじきの数を y 個として、x と y の関係を下の表にまとめましょう。

1辺に並ぶおはじきの数　x（個）	1	2	3	4	5	6
使うおはじきの数　　　y（個）	1	3				

3 次の2つの数量 x と y が比例するものには○を、反比例するものには△をつけましょう。
20点（1つ10）

① （　　　）面積が18cm² の平行四辺形の、高さ x cm と底辺の長さ y cm

② （　　　）分速50mで歩くときの、歩いた時間 x 分と歩いた道のり y m

4 **3**の①、②について、y を x の式で表しましょう。　　　20点（1つ10）

① （　　　　　　　　　）　② （　　　　　　　　　　　）

5 下の表は、針金の長さ x m とその重さ y g の関係を表したもので、重さ y g は長さ x m に比例します。　20点（1つ10）

長さ　x（m）	2	4	6	8	10
重さ　y（g）	30	60	90	120	150

① y を x の式で表しましょう。

（　　　　　　　　　）

② 針金の長さ x m とその重さ y g の関係をグラフに表しましょう。

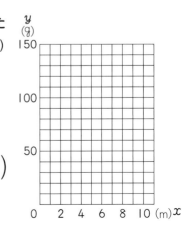

教科書 📖 207～208ページ

まとめの
ドリル
72。

●算数のしあげ
⑬ 算数の学習をしあげよう
4　変化と関係
……(2)

時間 15分　｜ 合格 80点 ｜ /100　｜ 月　日

サクッと
こたえ
あわせ

答え 95ページ

1 みえさんの算数のテストの得点は、次のようでした。　40点(式5・答え5)

〔4月〕　88点　　96点

〔5月〕　80点　　82点　　100点　　85点　　78点

〔6月〕　98点　　84点　　□点

① 　4月と5月の算数のテストの平均点をそれぞれ求めましょう。

　㋐ 式 （4月）　　　　　　　　　　答え（　　　　　　）

　㋑ 式 （5月）　　　　　　　　　　答え（　　　　　　）

② 　6月の算数のテストの平均点は90点でした。□にあてはまる数を求めましょう。

　式　　　　　　　　　　　　　　　答え（　　　　　　）

③ 　3か月全体の算数のテストの平均点を求めましょう。

　式　　　　　　　　　　　　　　　答え（　　　　　　）

2 1kmの道のりを歩くのに、しょうたさんは15分、あきらさんは12分かかりました。歩く速さが速いのは、しょうたさん、あきらさんのどちらですか。　10点

（　　　　　　）

3 次の問題に答えましょう。　30点(式5・答え5)

① 　自転車で、1200mの道のりを6分で進んだときの速さは分速何mですか。

　式　　　　　　　　　　　　　　　答え（　　　　　　）

② 　時速30kmで走る自動車が、1時間40分で進む道のりは何kmですか。

　式　　　　　　　　　　　　　　　答え（　　　　　　）

③ 　分速70mで歩く人が、3.5km歩くのにかかる時間は何分ですか。

　式　　　　　　　　　　　　　　　答え（　　　　　　）

4 1800kmを2時間30分で飛ぶ飛行機があります。　20点(式5・答え5)

① 　この飛行機の時速は何kmですか。

　式　　　　　　　　　　　　答え　時速（　　　　　　）

② 　この飛行機の分速は何kmですか。

　式　　　　　　　　　　　　答え　分速（　　　　　　）

● 算数のしあげ

⑬ **算数の学習をしあげよう**

4　変化と関係

……(3)

答え 96ページ

サクッと
こたえ
あわせ

1 整数や小数で表した割合を百分率で、百分率で表した割合を小数で表しましょう。

24点(1つ6)

① 0.27　　　② 4　　　③ 250％　　　④ 4.1％

（　　　　）（　　　　）（　　　　）（　　　　）

2 次の □ にあてはまる数を書きましょう。

32点(1つ8)

① 50cm の 8％ は □ cm です。

② 3L は、10L の □ ％ です。

③ □ kg の 40％ は 24kg です。

④ 500円で仕入れた品物に 30％ の利益を見こんで定価をつけると、定価は □ 円です。

3 次の問題に答えましょう。

24点(1つ8)

① 5：9 の比の値を求めましょう。　　　　　（　　　　）

② 35：42 の比を簡単にしましょう。　　　　（　　　　）

③ 12：x ＝20：45 で、x の表す数を求めましょう。　　（　　　　）

4 長さ150cm のテープを、3：2 の比に分けました。短いほうのテープの長さは何cm ですか。　　　20点(式10・答え10)

式

答え（　　　　）

教科書 **211〜212ページ**

● 算数のしあげ
⑬ **算数の学習をしあげよう**
5 データの活用

1 右の表は、ある日の図書館の利用者数を表したものです。

30点(①全部できて10、②③1つ10)

① 右の表に、それぞれの百分率を書きましょう。

② 利用者の割合を、右の円グラフに表しましょう。

③ 図書館を利用した高校生は、大学生の何倍ですか。

( )

図書館の利用状況

利用者	人数(人)	百分率(%)
小学生	28	
中学生	40	
高校生	64	
大学生	32	
その他	36	
合計	200	100

図書館の利用状況

2 あきらさんの学級の男子の体重について、右のようなグラフに表しました。 40点(1つ10)

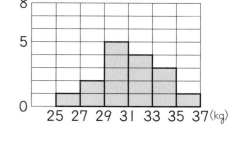

体重調べ（男子）

① このようなグラフを何といいますか。

( )

② 何人について調べたものですか。

( )

③ どの階級の度数がいちばん多いですか。

( )

④ 体重が33kg以上の度数の合計は、全体の度数の合計の何%ですか。

( )

3 下のデータは、10人の計算ドリルの点数を示したものです。 30点(1つ10)

8、5、4、9、6、6、9、10、7、6 （点）

① 平均値を求めましょう。

( )

② 中央値を求めましょう。

( )

③ 最頻値を求めましょう。

( )

教科書 📖 214〜215ページ

まとめのドリル
75。

時間 15分 ｜ 合格 80点 ｜ /100

サクッと
こたえ
あわせ
答え 96ページ

●算数のしあげ
⑬ 算数の学習をしあげよう
6 考える方法や表現

1 五角形の5つの角の大きさの和を、次のあ、◯のように考えて求めました。
あ五角形を対角線で三角形に分ける。 ◯五角形の中に点をとって三角形に分ける。

80点（①1つ10、②③1つ20）

① あ、◯の考え方を表す図や、そのときにできる式を答えましょう。

⑦

⑦
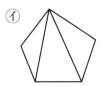

⑰ 180×3

㋪ 180×5−360

あ 図（　　　）式（　　　）　　　◯ 図（　　　）式（　　　）

② ⑰、㋪の式で、180は何を表していますか。
（　　　　　　　　　　　　　　　　　　　　　　　　　　　　　）

③ ㋪の式で、360は何を表していますか。
（　　　　　　　　　　　　　　　　　　　　　　　　　　　　　）

2 下の図のように●を並べて正方形を作ります。

2個　　　3個　　　4個

　それぞれの場合で、●は全部でいくつになるかを、なおこさんは、図を使って下のように考えました。なおこさんの考えで、1辺に並ぶ●の数が30個のときの●の数を求めましょう。

20点（式15、答え5）

式

答え（　　　　　　　　　　　　）

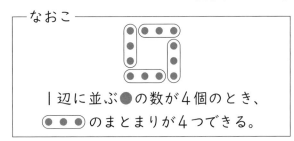
なおこ

1辺に並ぶ●の数が4個のとき、
●●●●のまとまりが4つできる。

教科書 217〜219ページ

対称な図形／文字と式／
分数×整数、分数÷整数、分数×分数／
分数÷分数／分数の倍

時間 15分　合格 80点　/100

月　日

答え 96ページ

1 下の表に書かれた形について、線対称や点対称であるものにはそれぞれのらんに〇を、そうでないものには×を書きましょう。さらに、線対称な形であれば、対称の軸の数を書きましょう。ただし、線対称でない形のところには「なし」と書きましょう。

30点(1つ2)

	長方形	正方形	正三角形	平行四辺形	ひし形
線対称					
点対称					
対称の軸の数					

2 円は線対称の図形でもあり、点対称の図形でもあります。下のことばのうち、□にあてはまるものを書き入れましょう。

10点(1つ5)

半径　直径　中心　周

① 円では、円の □ が対称の軸になります。

② 円では、円の □ が対称の中心になります。

3 1.5Lのジュースを x L飲んだときの残りの量が y Lです。この場面を表している式はどれですか。記号で答えましょう。

8点

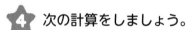

⑦ $1.5+x=y$　　④ $x-1.5=y$　　⑦ $1.5-x=y$　　⑤ $1.5-y=x$

(　　　　)

4 次の計算をしましょう。

42点(1つ7)

① $\dfrac{5}{6}\times\dfrac{4}{5}$

② $4\times\dfrac{5}{12}$

③ $\dfrac{3}{20}\div\dfrac{2}{5}$

④ $\dfrac{5}{8}\div\dfrac{3}{4}\div\dfrac{5}{12}$

⑤ $\dfrac{5}{4}\times\dfrac{12}{7}\div0.3$

⑥ $\left(\dfrac{5}{8}-\dfrac{1}{6}\right)\times24$

5 としこさんは、480円のケーキを買いました。このケーキの値段は、ドーナツの値段の $\dfrac{8}{3}$ 倍です。ドーナツの値段は何円ですか。

10点(式5・答え5)

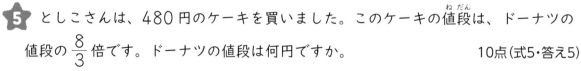

式

答え (　　　　　　　)

比／拡大図と縮図／データの調べ方／円の面積

1 次の比の、比の値を求めましょう。　　　　　　　　　　　　10点(1つ5)

① 6：5　　　（　　　　　　　）　② 3：10　　（　　　　　　　）

2 次の比を簡単にしましょう。　　　　　　　　　　　　　　10点(1つ5)

① 45：54　　（　　　　　　　）　② 28：63　　（　　　　　　　）

3 塩と水を、4：15の割合で混ぜて塩水を作ります。塩を24g使うとき、水は何g必要ですか。　　　　　　　　　　　　　　　　　　　　10点(式5・答え5)

式

　　　　　　　　　　　　　　　　　　　　答え（　　　　　　　）

4 右の太線で示した図は、ある小学校のしき地の縮図です。(方眼の1めもりを1cmとします。)　　　　　　　　　　　　　　　　　　　30点(1つ10)

① この縮図は、しき地の何分の一の縮図ですか。

（　　　　　　　）

② このしき地のまわりの長さは、何mですか。

（　　　　　　　）

③ このしき地の面積は、何m²ですか。

（　　　　　　　）

100m

5 代表値について説明した次の文章で、まちがっているものの記号を答えましょう。

20点

㋐ ほかの値と大きくはずれている値があるときは、その値をはずして平均値を求めてもよい。

㋑ 平均値と中央値は、いつも等しくなる。

㋒ 最も多く出てくる値が複数あるときは、それらの値がすべて最頻値となる。

（　　　　　　　）

6 直径が12cmの円の面積を求めましょう。　　　　　　　20点(式10・答え10)

式

　　　　　　　　　　　　　　　　　　　　答え（　　　　　　　）

時間 15分 ｜ 合格 80点 ｜ /100 ｜ 月 日

角柱と円柱の体積／比例と反比例／並べ方と組み合わせ方

答え **96**ページ

1 次の立体の体積を求めましょう。　　　　30点（式5・答え5）

①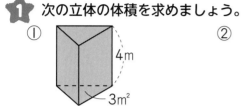
4m
3m²

②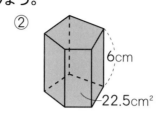
6cm
22.5cm²

③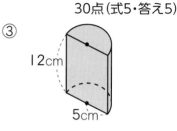
12cm
5cm

式　　　　　　　　　　式　　　　　　　　　　式

答え （　　　　　　　）　答え （　　　　　　　　）　答え （　　　　　　　　）

2 下の表は、三角形の高さ、底辺の長さ、面積の関係を示した表です。⑦、④それぞれについて、次の問題に答えましょう。　　　　40点（1つ10）

⑦　高さが決まっているときの、底辺の長さ x cm と面積 y cm²

底辺の長さ x(cm)	1	3	5	7
面　積 y(cm²)	2	6	10	14

④　面積が決まっているときの、底辺の長さ x cm と高さ y cm

底辺の長さ x(cm)	1	2	3	6	7
高　さ y(cm)	42	21	14	7	6

① y は x に比例していますか。反比例していますか。

⑦（　　　　　　　　　　）　④（　　　　　　　　　　）

② y を x の式で表しましょう。

⑦（　　　　　　　　　　）　④（　　　　　　　　　　）

3 赤、白、黄、青の4色の旗があります。　　　　30点（1つ15）

① 4色の旗を1列に並べる方法は何通りありますか。

（　　　　　　　　　　）

② 4色の旗の中から2つを選ぶ選び方は何通りありますか。

（　　　　　　　　　　）

●ドリルやテストが終わったら、うしろの
「がんばり表」に色をぬりましょう。
●まちがえたら、必ずやり直しましょう。
「考え方」も読み直しましょう。

1. ① 対称な図形

❶ あ、う、え、か、く
❷ ①点 A→点 C、点 D→点 H
　②3cm
　③1本

❸
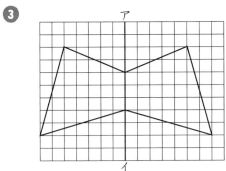

考え方 ❶ 対称の軸は次の図のようになります。

あ　う　え
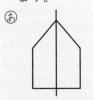

か　く

❷ ②辺 CD に対応する辺は辺 AH です。
③点 H と点 D を結んだ直線も対称の軸になります。

2. ① 対称な図形

❶ あ、お、か、き、く
❷ ①点 A→点 E、辺 GH→辺 CD
　②2cm

③
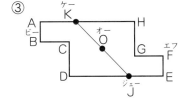

❸
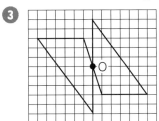

考え方 ❷ ③点 K は、直線 JO と辺 AH が
交わる点です。

3. ① 対称な図形

❶ ①

		線対称	点対称
あ	正方形	○	○
い	長方形	○	○
う	台形	×	×
え	ひし形	○	○
お	平行四辺形	×	○

②
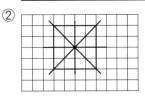

❷ ①あ、い、う
　②う

考え方 ❷ 正多角形はすべて線対称な図形
になります。また、辺の数が偶数のとき、
点対称な図形になります。

1 ①
②

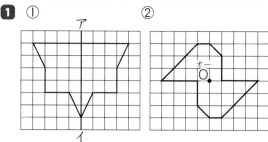

2 ①（右の図）
　②⑦辺 BC →辺 HG
　　⑦角 B →角 H
　③⑦垂直
　　⑦等しい

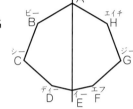

3 ①（右の図）
　②⑦辺 CD
　　　→辺 AB
　　⑦角 B →角 D
　③⑦＝
　　⑦合同

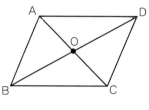

5. ② 文字と式

1 ①$100-8\times5$
　②$100-x\times5$
　③式　$100-12\times5=40$

　　　　　　　答え　40枚

2 ①$5\times x=y$
　②30
　③7

3 ①$x\times6=y$
　②$50-x=y$
　③$x\div5=y$

考え方 **2** ②$5\times6=30$
　③$5\times x=35$
　　　$x=35\div5$
　　　　$=7$

6. ② 文字と式

1 ①⑦　　　②⑦　　　③⑦
2 ①$x\times4=36$
　②9

---

①$x-300$ は夕方4時以降に
入園したときの大人1人の入園料、
$x-500-300$ は夕方4時以降に入園し
たときの子ども1人の入園料です。
2 ②$x=36\div4=9$

7. ② 文字と式

1 ①$1000-x$
　②$x\div6$
　③$x\times16=y$
2 ①⑦　　②⑦　　③⑦　　④⑤
3 ①$x\times4\div2=16$
　②8

考え方 **1** ①1000円はらったときのお
つりだから、ひき算をします。
②6等分した長さだから、わり算をします。
③道のり＝速さ×時間　だから、かけ算
　をします。
2 ⑦安くしてもらったからひき算で、代
　金は $300-x$（円）です。
⑦300 g の砂糖のふくろが x 個あるか
　ら、重さは $300\times x$（g）です。
⑦ケーキの代金＋箱代　が代金です。
⑤長方形の面積＝縦×横　だから
縦の長さ＝$300\div x$
3 ②$x=16\times2\div4$
　　　$=8$

8. ③ 分数×整数、分数÷整数、分数×分数

1 式 $\dfrac{2}{7}\times\boxed{2}=\dfrac{2\times\boxed{2}}{7}=\boxed{\dfrac{4}{7}}$　　答え $\boxed{\dfrac{4}{7}}$ kg

2 ①$\dfrac{6}{11}$　　②$\dfrac{15}{16}$　　③$\dfrac{4}{5}$

　④$\dfrac{30}{13}\left(2\dfrac{4}{13}\right)$ ⑤$\dfrac{42}{5}\left(8\dfrac{2}{5}\right)$ ⑥$\dfrac{7}{5}\left(1\dfrac{2}{5}\right)$

3 ①$\dfrac{5}{2}\left(2\dfrac{1}{2}\right)$　②$\dfrac{8}{3}\left(2\dfrac{2}{3}\right)$　③$\dfrac{1}{2}$

　④3　　　　⑤10　　　　⑥28

考え方 分数×整数は分子に整数をかけます。
とちゅうで約分できるものは約分します。

❸ ④ $\dfrac{3}{5}\times 5 = \dfrac{3\times 5}{5} = 3$

⑤ $\dfrac{5}{6}\times 12 = \dfrac{5\times 12}{6} = 10$

⑥ $\dfrac{7}{15}\times 60 = \dfrac{7\times 60}{15} = 28$

⑨ ③ 分数×整数、分数÷整数、分数×分数 **9ページ**

❶ 式 $\dfrac{4}{7}\div \boxed{2} = \dfrac{4\div\boxed{2}}{7} = \boxed{\dfrac{2}{7}}$　　答え $\boxed{\dfrac{2}{7}}$ kg

❷ $\dfrac{3}{5}\div 7 = \dfrac{3\times\boxed{7}}{5\times\boxed{7}}\div 7 = \dfrac{3\times\boxed{7}\div 7}{5\times\boxed{7}}$

$= \dfrac{3}{5\times\boxed{7}} = \boxed{\dfrac{3}{35}}$

❸ ① $\dfrac{2}{9}$　　② $\dfrac{5}{14}$　　③ $\dfrac{2}{5}$

④ $\dfrac{1}{9}$　　⑤ $\dfrac{8}{45}$　　⑥ $\dfrac{1}{8}$

考え方 ❸ ④ $\dfrac{4}{9}\div 4 = \dfrac{4}{9\times 4} = \dfrac{1}{9}$

⑥ $\dfrac{15}{4}\div 30 = \dfrac{15}{4\times 30} = \dfrac{1}{8}$

⑩ ③ 分数×整数、分数÷整数、分数×分数 **10ページ**

❶ ① $\dfrac{4}{9}$　② $\dfrac{15}{4}\left(3\dfrac{3}{4}\right)$　③ $\dfrac{12}{5}\left(2\dfrac{2}{5}\right)$

④ 3　　⑤ $\dfrac{10}{3}\left(3\dfrac{1}{3}\right)$　⑥ 20

❷ ① $\dfrac{1}{5}$　② $\dfrac{5}{64}$　③ $\dfrac{13}{36}$

④ $\dfrac{1}{14}$　⑤ $\dfrac{4}{21}$　⑥ $\dfrac{7}{16}$

❸ ①式 $\dfrac{8}{9}\div 2 = \dfrac{8}{9\times 2} = \dfrac{4}{9}$　　答え $\dfrac{4}{9}$ kg

②式 $\dfrac{4}{9}\times 6 = \dfrac{4\times 6}{9} = \dfrac{8}{3}$

答え $\dfrac{8}{3}\left(2\dfrac{2}{3}\right)$ kg

考え方 ❶ ④ $\dfrac{3}{7}\times 7 = \dfrac{3\times 7}{7} = 3$

⑤ $\dfrac{5}{12}\times 8 = \dfrac{5\times 8}{12} = \dfrac{10}{3}\left(3\dfrac{1}{3}\right)$

⑥ $\dfrac{5}{4}\times 16 = \dfrac{5\times 16}{4} = 20$

❷ ④ $\dfrac{2}{7}\div 4 = \dfrac{2}{7\times 4} = \dfrac{1}{14}$

⑤ $\dfrac{48}{21}\div 12 = \dfrac{48}{21\times 12} = \dfrac{4}{21}$

⑥ $\dfrac{49}{8}\div 14 = \dfrac{49}{8\times 14} = \dfrac{7}{16}$

11. ③ 分数×整数、分数÷整数、分数×分数 **11ページ**

❶ $\dfrac{5}{7}\times\dfrac{3}{4} = \dfrac{5\times 3}{7\times 4} = \boxed{\dfrac{15}{28}}$

❷ ① $\dfrac{5}{28}$　　② $\dfrac{4}{15}$　　③ $\dfrac{20}{21}$

❸ 式 $\dfrac{7}{9}\times\dfrac{2}{5} = \dfrac{14}{45}$　　答え $\dfrac{14}{45}$ kg

❹ ① $\dfrac{5}{14}$　　② $\dfrac{3}{4}$　　③ $\dfrac{1}{2}$

❺ $\dfrac{3}{4}$

考え方 ❷ ② $\dfrac{2}{3}\times\dfrac{2}{5} = \dfrac{2\times 2}{3\times 5} = \dfrac{4}{15}$

③ $\dfrac{2}{3}\times\dfrac{10}{7} = \dfrac{2\times 10}{3\times 7} = \dfrac{20}{21}$

❹ ① $\dfrac{4}{7}\times\dfrac{5}{8} = \dfrac{4\times 5}{7\times 8} = \dfrac{5}{14}$

② $\dfrac{2}{3}\times\dfrac{9}{8} = \dfrac{2\times 9}{3\times 8} = \dfrac{3}{4}$

③ $\dfrac{2}{9}\times\dfrac{9}{4} = \dfrac{2\times 9}{9\times 4} = \dfrac{1}{2}$

❺ $\dfrac{9}{16}\times\dfrac{8}{5}\times\dfrac{5}{6} = \dfrac{9\times 8\times 5}{16\times 5\times 6} = \dfrac{3}{4}$

1 ⑦ 1

① $2 \times \dfrac{4}{9} = \dfrac{\boxed{2}}{1} \times \dfrac{4}{9} = \dfrac{2 \times 4}{1 \times 9} = \dfrac{\boxed{8}}{9}$

2 ① $\dfrac{8}{7}\left(1\dfrac{1}{7}\right)$ ② $\dfrac{9}{5}\left(1\dfrac{4}{5}\right)$ ③ $\dfrac{9}{2}\left(4\dfrac{1}{2}\right)$

④ $\dfrac{7}{3}\left(2\dfrac{1}{3}\right)$ ⑤ 10

3 ① $>$ ② $<$

4 式 $\dfrac{4}{5} \times \dfrac{7}{6} = \dfrac{14}{15}$ 答え $\dfrac{14}{15}$ m²

考え方 2 ① $4 \times \dfrac{2}{7} = \dfrac{4}{1} \times \dfrac{2}{7} = \dfrac{4 \times 2}{1 \times 7}$

$= \dfrac{8}{7}\left(1\dfrac{1}{7}\right)$

③ $6 \times \dfrac{3}{4} = \dfrac{6}{1} \times \dfrac{3}{4} = \dfrac{\overset{3}{6} \times 3}{1 \times \underset{2}{4}} = \dfrac{9}{2}\left(4\dfrac{1}{2}\right)$

④、⑤帯分数を仮分数になおしてから計算します。

④ $2\dfrac{4}{5} \times \dfrac{5}{6} = \dfrac{14}{5} \times \dfrac{5}{6} = \dfrac{\overset{7}{14} \times \overset{1}{5}}{\underset{1}{5} \times \underset{3}{6}}$

$= \dfrac{7}{3}\left(2\dfrac{1}{3}\right)$

⑤ $2\dfrac{3}{11} \times 4\dfrac{2}{5} = \dfrac{25}{11} \times \dfrac{22}{5} = \dfrac{\overset{5}{25} \times \overset{2}{22}}{\underset{1}{11} \times \underset{1}{5}}$

$= 10$

3 1より小さい数をかけると、積は、かけられる数より小さくなります。

13. ③ 分数×整数、分数÷整数、分数×分数 13ページ

1 ① $\dfrac{1}{7}$、$\dfrac{2}{5}$ ② $\dfrac{1}{7}$、$\dfrac{2}{5}$ ③ $\dfrac{12}{35}$

2 ① $\dfrac{3}{7}$ ② 17 ③ 8

3 ①積、1 ②分子、分母(分母、分子) ③ 1

4 ① $\dfrac{6}{5}$ ② 9 ③ $\dfrac{1}{5}$ ④ $\dfrac{10}{9}$

ちょう戦 **2** 次の計算のきまりを使って、それぞれ下のように計算します。

①では $(a \times b) \times c = a \times (b \times c)$
②では $(a + b) \times c = a \times c + b \times c$
③では $a \times b + a \times c = a \times (b + c)$

① $\left(\dfrac{3}{7} \times \dfrac{4}{5}\right) \times \dfrac{5}{4} = \dfrac{3}{7} \times \left(\dfrac{4}{5} \times \dfrac{5}{4}\right)$

$= \dfrac{3}{7} \times \dfrac{\overset{1}{4} \times \overset{1}{5}}{\underset{1}{5} \times \underset{1}{4}} = \dfrac{3}{7} \times 1 = \dfrac{3}{7}$

② $\left(\dfrac{4}{9} + \dfrac{1}{2}\right) \times 18 = \dfrac{4}{9} \times 18 + \dfrac{1}{2} \times 18$

$= \dfrac{4 \times \overset{2}{18}}{\underset{1}{9}} + \dfrac{\overset{9}{18}}{\underset{1}{2}} = 8 + 9 = 17$

③ $\dfrac{4}{5} \times 7 + \dfrac{4}{5} \times 3 = \dfrac{4}{5} \times (7 + 3)$

$= \dfrac{4}{5} \times 10 = \dfrac{4 \times \overset{2}{10}}{\underset{1}{5}} = 8$

4 ② $\dfrac{1}{9}$ の逆数は $\dfrac{9}{1} = 9$

③ $5 = \dfrac{5}{1}$ だから、5の逆数は $\dfrac{1}{5}$

④ $0.9 = \dfrac{9}{10}$ だから、0.9の逆数は $\dfrac{10}{9}$

14. ③ 分数×整数、分数÷整数、分数×分数 14ページ

1 ①式 $\dfrac{3}{4} \times 3 = \dfrac{9}{4}$ 答え $\dfrac{9}{4}\left(2\dfrac{1}{4}\right)$ kg

②式 $\dfrac{3}{4} \times \dfrac{18}{5} = \dfrac{27}{10}$

答え $\dfrac{27}{10}\left(2\dfrac{7}{10}\right)$ kg

2 ① $\dfrac{9}{2}\left(4\dfrac{1}{2}\right)$ ② $\dfrac{1}{16}$

③ $\dfrac{1}{4}$ ④ $\dfrac{24}{7}\left(3\dfrac{3}{7}\right)$

⑤ $\dfrac{15}{8}\left(1\dfrac{7}{8}\right)$ ⑥ $\dfrac{1}{15}$

3 ⑦

4 式 $\dfrac{7}{9} \times \dfrac{3}{5} = \dfrac{7}{15}$ 答え $\dfrac{7}{15}$ cm²

5 ① 1 ② $\dfrac{11}{15}$

6 ① $\dfrac{5}{2}$ ② $\dfrac{1}{3}$ ③ $\dfrac{10}{7}$ ④ 4

考え方 ② ⑤ $3\frac{1}{3} \times \frac{9}{16} = \frac{10}{3} \times \frac{9}{16}$

$$= \frac{\overset{5}{\cancel{10}} \times \overset{3}{\cancel{9}}}{\underset{1}{\cancel{3}} \times \underset{8}{\cancel{16}}} = \frac{15}{8}\left(1\frac{7}{8}\right)$$

⑥ $\frac{2}{3} \times \frac{1}{4} \times \frac{2}{5} = \frac{2 \times 1 \times 2}{3 \times \underset{2}{\cancel{4}} \times 5} = \frac{1}{15}$

5 ① $\left(\frac{5}{6} - \frac{7}{9}\right) \times 18 = \frac{5}{6} \times 18 - \frac{7}{9} \times 18$

$$= 15 - 14 = 1$$

② $\left(\frac{11}{15} \times \frac{9}{14}\right) \times \frac{14}{9} = \frac{11}{15} \times \left(\frac{9}{14} \times \frac{14}{9}\right)$

$$= \frac{11}{15} \times 1 = \frac{11}{15}$$

---

15. ④ 分数÷分数 15ページ

1 $\frac{7}{9} \div \boxed{\frac{2}{5}} = \frac{7}{9} \times \boxed{\frac{5}{2}} = \boxed{\frac{35}{18}\left(1\frac{17}{18}\right)}$

2 ① $\frac{12}{35}$ ② $\frac{45}{32}\left(1\frac{13}{32}\right)$ ③ $\frac{15}{4}\left(3\frac{3}{4}\right)$

3 $\frac{3}{5} \div \frac{9}{10} = \frac{3 \times \overset{\boxed{2}}{\cancel{10}}}{\underset{\boxed{1}}{\cancel{5}} \times \underset{\boxed{3}}{\cancel{9}}} = \boxed{\frac{2}{3}}$

4 ① $\frac{4}{3}\left(1\frac{1}{3}\right)$ ② $\frac{3}{4}$

③ 6

考え方 ④ ① $\frac{2}{7} \div \frac{3}{14} = \frac{2}{7} \times \frac{14}{3}$

$$= \frac{2 \times \overset{2}{\cancel{14}}}{\underset{1}{\cancel{7}} \times 3} = \frac{4}{3}\left(1\frac{1}{3}\right)$$

② $\frac{9}{16} \div \frac{3}{4} = \frac{9}{16} \times \frac{4}{3} = \frac{\overset{3}{\cancel{9}} \times \overset{1}{\cancel{4}}}{\underset{4}{\cancel{16}} \times \underset{1}{\cancel{3}}} = \frac{3}{4}$

③ $\frac{4}{5} \div \frac{2}{15} = \frac{4}{5} \times \frac{15}{2} = \frac{\overset{2}{\cancel{4}} \times \overset{3}{\cancel{15}}}{\underset{1}{\cancel{5}} \times \underset{1}{\cancel{2}}} = 6$

---

16. ④ 分数÷分数 16ページ

1 $\frac{7}{8} \div \frac{14}{5} \times \frac{1}{15} = \frac{7}{8} \times \boxed{\frac{5}{14}} \times \frac{1}{15}$

$$= \frac{\overset{1}{\cancel{7}} \times \overset{1}{\cancel{5}} \times 1}{8 \times \underset{2}{\cancel{14}} \times \underset{\boxed{3}}{\cancel{15}}} = \boxed{\frac{1}{48}}$$

---

② ① $\frac{?}{16}$ ② $\frac{?}{6}$ ② $\frac{?}{5}$

3 ① $\frac{12}{5}\left(2\frac{2}{5}\right)$ ② $\frac{14}{5}\left(2\frac{4}{5}\right)$

4 ① $\frac{5}{18}$ ② $\frac{48}{35}\left(1\frac{13}{35}\right)$

考え方 ② 全部かけ算の式になおします。
とちゅうで約分できるときは約分します。

① $\frac{1}{8} \times \frac{7}{9} \div \frac{14}{27} = \frac{1}{8} \times \frac{7}{9} \times \frac{27}{14}$

$$= \frac{1 \times \overset{1}{\cancel{7}} \times \overset{3}{\cancel{27}}}{8 \times \underset{1}{\cancel{9}} \times \underset{2}{\cancel{14}}} = \frac{3}{16}$$

② $\frac{7}{18} \times \frac{5}{21} \div \frac{5}{9} = \frac{7}{18} \times \frac{5}{21} \times \frac{9}{5}$

$$= \frac{\overset{1}{\cancel{7}} \times \overset{1}{\cancel{5}} \times \overset{1}{\cancel{9}}}{\underset{2}{\cancel{18}} \times \underset{3}{\cancel{21}} \times \underset{1}{\cancel{5}}} = \frac{1}{6}$$

③ $\frac{4}{9} \div 8 \times \frac{54}{5} = \frac{4}{9} \times \frac{1}{8} \times \frac{54}{5}$

$$= \frac{\overset{1}{\cancel{4}} \times 1 \times \overset{6}{\cancel{54}}}{\underset{1}{\cancel{9}} \times \underset{2}{\cancel{8}} \times 5} = \frac{3}{5}$$

④ $\frac{3}{8} \div \frac{4}{9} \div \frac{27}{32} = \frac{3}{8} \times \frac{9}{4} \times \frac{32}{27}$

$$= \frac{\overset{1}{\cancel{3}} \times \overset{1}{\cancel{9}} \times \overset{8}{\cancel{32}}}{\underset{1}{\cancel{8}} \times \underset{1}{\cancel{4}} \times \underset{9}{\cancel{27}}} = 1$$

3 ① $6 \div \frac{5}{2} = \frac{6 \times 2}{1 \times 5} = \frac{12}{5}\left(2\frac{2}{5}\right)$

② $4 \div \frac{10}{7} = \frac{\overset{2}{\cancel{4}} \times 7}{1 \times \underset{5}{\cancel{10}}} = \frac{14}{5}\left(2\frac{4}{5}\right)$

4 ① $\frac{4}{9} \div 1\frac{3}{5} = \frac{4}{9} \div \frac{8}{5} = \frac{\overset{1}{\cancel{4}} \times 5}{9 \times \underset{2}{\cancel{8}}} = \frac{5}{18}$

② $2\frac{4}{7} \div 1\frac{7}{8} = \frac{18}{7} \div \frac{15}{8} = \frac{\overset{6}{\cancel{18}} \times 8}{7 \times \underset{5}{\cancel{15}}}$

$$= \frac{48}{35}\left(1\frac{13}{35}\right)$$

❶ ①> ②<

❷ ①式 $\frac{5}{6} \div \frac{3}{5} = \frac{25}{18}$

答え $\frac{25}{18}\left(1\frac{7}{18}\right)$ kg

②式 $\frac{3}{5} \div \frac{5}{6} = \frac{18}{25}$ 答え $\frac{18}{25}$ L

❸ ①$\frac{2}{3}$ ②$\frac{7}{13}$ ③9 ④100

考え方 ❶ 1より小さい数でわると、商は、わられる数より大きくなり、1より大きい数でわると、商は、わられる数より小さくなります。

❸ ① $\frac{3}{10} \div \frac{9}{14} \div 0.7 = \frac{3}{10} \div \frac{9}{14} \div \frac{7}{10}$

$= \frac{3}{10} \times \frac{14}{9} \times \frac{10}{7} = \frac{3 \times 14 \times 10}{10 \times 9 \times 7} = \frac{2}{3}$

② $\frac{5}{8} \times 0.8 \div \frac{13}{14} = \frac{5}{8} \times \frac{8}{10} \div \frac{13}{14}$

$= \frac{5}{8} \times \frac{8}{10} \times \frac{14}{13} = \frac{5 \times 8 \times 14}{8 \times 10 \times 13} = \frac{7}{13}$

③ $0.3 \times 4 \div \frac{2}{15} = \frac{3}{10} \times 4 \div \frac{2}{15}$

$= \frac{3}{10} \times 4 \times \frac{15}{2} = \frac{3 \times 4 \times 15}{10 \times 2} = 9$

④ $0.5 \times 14 \div 0.07 = \frac{5}{10} \times 14 \div \frac{7}{100}$

$= \frac{5}{10} \times 14 \times \frac{100}{7} = \frac{5 \times 14 \times 100}{10 \times 7}$

$= 100$

❶ ①$\frac{8}{21}$ ②$\frac{10}{9}\left(1\frac{1}{9}\right)$ ③$\frac{4}{3}\left(1\frac{1}{3}\right)$

❷ ①27 ②60 ③$\frac{5}{49}$

❸ ①$\frac{1}{3}$ ②$\frac{2}{3}$

❹ ㋐

❺ 式 $\frac{4}{7} \div \frac{4}{5} = \frac{5}{7}$ 答え $\frac{5}{7}$ kg

❻ ①$\frac{4}{3}\left(1\frac{1}{3}\right)$ 時間

②式 $60 \div \frac{4}{3} = 45$

答え 時速 45 km

考え方 ❶ とちゅうで約分ができるときは、約分してから計算すれば簡単です。

❻ ②道のり÷時間＝速さ で求められます。

19. 分数の倍 19ページ

❶ ①式 $\frac{11}{10} \div \frac{2}{5} = \frac{11}{4}$ 答え $\frac{11}{4}\left(2\frac{3}{4}\right)$ 倍

②式 $\frac{4}{15} \div \frac{2}{5} = \frac{2}{3}$ 答え $\frac{2}{3}$ 倍

❷ ①式 $\frac{3}{8} \div \frac{6}{7} = \frac{7}{16}$ 答え $\frac{7}{16}$ 倍

②式 $\frac{2}{3} \div \frac{5}{6} = \frac{4}{5}$ 答え $\frac{4}{5}$

20. 分数の倍 20ページ

❶ ①式 $800 \times \frac{5}{4} = 1000$

答え 1000 円

②式 $800 \times \frac{3}{4} = 600$ 答え 600 円

❷ ①$x \times \boxed{\frac{9}{10}} = \boxed{\frac{3}{5}}$

②$x = \boxed{\frac{3}{5}} \div \boxed{\frac{9}{10}} = \boxed{\frac{2}{3}}$ 答え $\frac{2}{3}$ L

考え方 ❷ ②$x = \frac{3}{5} \div \frac{9}{10} = \frac{3 \times 10}{5 \times 9} = \frac{2}{3}$

21. ⑤ 比

❶ ①はるなさん…1：2
　　としやさん…2：4
　　せいじさん…3：6
　②コーヒーの量…1
　　ミルクの量…2
　③コーヒーの量…1
　　ミルクの量…2

❷ ①9：4
　②4：3

22. ⑤ 比

❶ ①$2$：3、$2÷3=\dfrac{2}{3}$

　②$4$：6、$4÷6=\dfrac{4}{6}=\dfrac{2}{3}$

　③$2：3=4：6$

❷ ①$\dfrac{3}{4}$　　　　　②$\dfrac{4}{3}$

❸ ⓐとⓒ

考え方 ❸ ⓐ $16：10 → 16÷10=\dfrac{16}{10}$

$=\dfrac{8}{5}$

ⓑ $18：15 → 18÷15=\dfrac{18}{15}=\dfrac{6}{5}$

ⓒ $40：25 → 40÷25=\dfrac{40}{25}=\dfrac{8}{5}$

23. ⑤ 比

❶ ⓑ

❷ ①$35：42=5：6$ （÷7）

　②$35：42=\dfrac{35}{42}=\dfrac{5}{6}$

　③$35：42=5：6$

❸ ①2：5　　　　②4：5
　③2：9　　　　④1：3

❹ ①$\dfrac{6}{5}：\dfrac{9}{7}=\left(\dfrac{6}{5}×35\right)：\left(\dfrac{9}{7}×35\right)$
　　$=42：45$
　　$=14：15$

②$\dfrac{5}{7}：\dfrac{7}{9}=35：35$（省略部分）
　　$=42：45$
　　$=14：15$

❺ ①7：9　　　　②3：10
　③15：14　　　④4：3

考え方 ❺ ①$0.7：0.9=7：9$（×10）

②$2.1：7=21：70=3：10$（×10、÷7）

③$\dfrac{3}{4}：\dfrac{7}{10}=\dfrac{15}{20}：\dfrac{14}{20}=15：14$

④$\dfrac{8}{3}：2=\dfrac{8}{3}：\dfrac{6}{3}=8：6=4：3$（÷2）

24. ⑤ 比

❶ ①$\dfrac{3}{8}$、$\dfrac{3}{8}$、12　②12　③12

❷ ①25　　②2　　③49　　④2

❸ 式　$720×\dfrac{5}{9}=400$　　答え　400 mL

考え方 ❷ ④$3.6：9=36：90=x：5$（×10、÷18）

❸ 紅茶の量は、ミルクティー全体の$\dfrac{5}{9}$に
あたります。紅茶の量をx mLとして次
のように考えて求めることもできます。

$5：9=x：720$ より（×80）

$x=5×80=400$

25. ⑤ 比

❶ ①$\dfrac{5}{9}$　②$\dfrac{3}{5}$　③$\dfrac{6}{7}$　④$\dfrac{8}{3}$

❷ ①1：4　②3：4　③9：7　④5：3

❸ ①9　　　　②35

❹ 式　$24×\dfrac{5}{4}=30$　　答え　30 cm

❺ 式　$120×\dfrac{5}{8}=75$　　答え　75枚

85

④ $\frac{1}{3} : \frac{1}{5} = \frac{5}{15} : \frac{3}{15} = 5 : 3$

4 縦の長さは、横の長さの $\frac{5}{4}$ にあたります。

5 妹の折り紙の枚数は、折り紙全体の $\frac{5}{8}$ にあたります。

26. 対称な図形／文字と式　26ページ

1 ①線対称　　②対称の軸
　　③辺 FE　　④垂直
2 ①対称の中心　　②角 F
　　③辺 CD
　　④等しい（OH＝OD）
3 $7 \times x = y$
4 ④

考え方 **4** みかんの重さ＋箱の重さ が全体の重さになります。

27. 分数×整数、分数÷整数、分数×分数／分数÷分数　27ページ

1 ① $\frac{10}{3}\left(3\frac{1}{3}\right)$　　② $\frac{5}{14}$
　③ $\frac{5}{3}\left(1\frac{2}{3}\right)$　　④ $\frac{1}{10}$
　⑤ $\frac{5}{36}$　　⑥ $\frac{9}{8}\left(1\frac{1}{8}\right)$
　⑦ $\frac{2}{5}$　　⑧64
　⑨5　　⑩ $\frac{4}{5}$　　⑪ $\frac{1}{2}$
2 ① $\frac{3}{2}$　　② $\frac{1}{7}$　　③ $\frac{100}{13}$
3 ①式　$\frac{11}{3} \times 5 = \frac{55}{3}$
　　　　答え　$\frac{55}{3}\left(18\frac{1}{3}\right)$ m²
　②式　$\frac{11}{3} \times \frac{2}{11} = \frac{2}{3}$　　答え　$\frac{2}{3}$ m²
4 式　$\frac{5}{8} \div \frac{5}{6} = \frac{3}{4}$　　答え　$\frac{3}{4}$ L

ちえ方 **1** とちゅうで約分ができるときは、約分してから計算すれば簡単です。

2 ②$7 = \frac{7}{1}$ だから、7の逆数は $\frac{1}{7}$
　③$0.13 = \frac{13}{100}$ だから、0.13の逆数は $\frac{100}{13}$

28. 分数の倍／比　28ページ

1 式　$\frac{5}{12} \div \frac{3}{4} = \frac{5}{9}$　　答え　$\frac{5}{9}$ 倍
2 式　よしひろさんが持っているあめの個数を x 個とする。
　　　$x \times \frac{2}{5} = 14$
　　　$x = 14 \div \frac{2}{5} = 35$
　　　　　　　　答え　35 個
3 ① $\frac{3}{4}$　　② $\frac{4}{7}$
4 ①8：9　　②5：1
　③1：4　　④4：9
5 ①5　　②21
6 ①式　$16 \times \frac{5}{4} = 20$　　答え　20 枚
　②式　$25 \times \frac{3}{5} = 15$　　答え　15 枚

考え方 **6** ①黄の色紙の枚数は、赤の色紙の枚数の $\frac{5}{4}$ にあたります。
②青の色紙の枚数は、黄と青の色紙の枚数の合計の $\frac{3}{5}$ にあたります。

29. ⑥ 拡大図と縮図　29ページ

1 ①形、大きさ　　②大きさ、形
　③合同　　④え
2 ①対応する辺…辺 BC、辺の長さ…3cm
　②対応する角…角 A、角の大きさ…80°
　③2倍
　④対応する辺…辺 DE
　　辺の長さの比…1：2

❶ ①6cm ②45° ③⑦、⑤

❷ ①

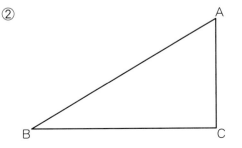

②

③⑦

考え方 **❷** ①辺 AB、辺 AC の長さをそれぞれ2倍にした点をとって、それらの点を結んで三角形をかきます。

②辺 AD、辺 AB、対角線 AC の長さをそれぞれ $\frac{1}{2}$ にした点をとって、それらの点を結んで四角形をかきます。

❶ ①分数… $\frac{1}{7000}$ 比…1:7000

②式 $5 \times 7000 = 35000$
$35000\,cm = 350\,m$

答え 350 m

❷ ①式 $10\,m = 1000\,cm$
$1000 \times \frac{1}{200} = 5$ 答え 5 cm

②

答え 約 7.2 m

考え方 **❶** ①210 m = 21000 cm
$3 \div 21000 = \frac{1}{7000}$

❷ ③縮図で、辺 AC の長さは約 2.9 cm あります。

❶
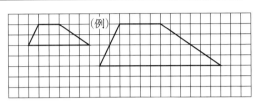
(例)

❷ ①3倍
②⑦頂点 E   ⑦頂点 F
⑤辺 DF   ⑤辺 DE
③16.2 cm
④42°

❸
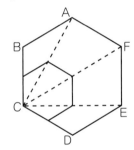

考え方 **❸** 辺 CB、CD、対角線 CA、CF、CE の長さの $\frac{1}{2}$ のところに点をとって、それらを順に結んで六角形をかきます。

❶ ①9点
②1点
③
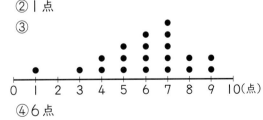
④6点
⑤7点

$6×4+7×5+8×2+9×2=120$
$120÷20=6$

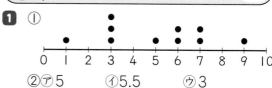

34。 ⑦ データの調べ方 〔34ページ〕

❶ ① 2 kg
② 34 kg 以上 36 kg 未満
③ 30 kg 以上 32 kg 未満
④

体重(kg)	人数(人)
26 以上～28 未満	2
28 ～30	5
30 ～32	7
32 ～34	4
34 ～36	2
合　計	20

⑤ ⑦ 5人
⑦ 30 kg 以上 32 kg 未満
⑦ 7人
⑦ 30 %
⑦ 30 kg 以上 32 kg 未満

35。 ⑦ データの調べ方 〔35ページ〕

❶ ①(人)

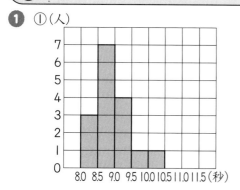

②(人)

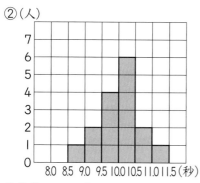

③⑦○　　⑦×　　⑦○
④⑦左　　⑦速い

36。 ⑦ データの調べ方 〔36ページ〕

❶ ①⑦48、73、77、89、92　　⑦77点
②75.5 点
❷ ⑦代表値　　⑦平均値　　⑦最頻値
⑦中央値
（⑦、⑦、⑦は順番がちがってもよい。）
❸ ⑦21 m　　⑦13 m　　⑦16.8 m
⑦16 m　　⑦16.5 m

考え方 ❶ ②Bグループの点数を小さい順に並べると
57、66、73、78、79、82
だから、中央値は（73+78）÷2=75.5
❸ ⑦記録を小さい順に並べると
13、15、16、16、16、17、17、
18、19、21
だから、中央値は（16+17）÷2=16.5

37。 ⑦ データの調べ方 〔37ページ〕

❶ ①⑦約150万人　　⑦約185万人
②10才～14才
③2020年
④⑦

38。 ⑦ データの調べ方 〔38ページ〕

❶ ①

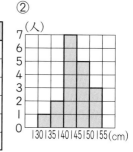

②⑦5　　⑦5.5　　⑦3
❷ ①

身長(cm)	人数(人)
130 以上～135 未満	1
135 ～140	2
140 ～145	7
145 ～150	5
150 ～155	3
合　計	18

②(人)

③約 17 %

考え方 ❷ ③140 cm 未満の人は3人いるから、割合は 3÷18=0.166…
                                            7

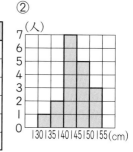

❶ ①⑦294　　　　⑦18.5
　　⑨312.5　　　⑤1250
　②⑥20　　　　　⑤3.925
　　⑥39.25　　　⑦1256
　③①3.125 倍　　②3.14 倍
❷ ①113.04 cm²　②50.24 cm²
　③3.14 cm²

考え方 ❷ ①6×6×3.14＝113.04
②半径は 4 cm だから、
　4×4×3.14＝50.24
③2×2×3.14÷4＝3.14

---

40. ⑧ 円の面積　　40ページ

❶ ①6、円
　②式　6×6×3.14÷2－3×3×3.14
　　　＝28.26　　　答え　28.26 cm²
❷ ①7.74 cm²　　　②10.75 cm²
　③75.36 cm²　　　④78.5 cm²

考え方 ❶ ②計算のきまりを使って、次のように計算すると簡単になります。
　6×6×3.14÷2－3×3×3.14
＝(6×6÷2－3×3)×3.14
＝(18－9)×3.14
＝9×3.14
(❷の③や④でも同じように考えよう。)
❷ ①4分の1にした円の位
置をかえると、右の図のようになるから、正方形の面積から円の面積をひきます。

　6×6－3×3×3.14
②長方形の面積から、半径5cm の半円の面積をひきます。
　5×10－5×5×3.14÷2
③半径8cm の半円の面積から、半径4 cm の半円の面積をひきます。
　8×8×3.14÷2－4×4×3.14÷2
④半径 10 cm の半円の面積から、半径5cm の円の面積をひきます。
　10×10×3.14÷2－5×5×3.14

---

❶ ①式　9×9×3.14＝254.34
　　　　　答え　254.34 cm²
　②式　10÷2＝5
　　　　5×5×3.14＝78.5
　　　　　答え　78.5 cm²
❷ 式　8×8×3.14÷2＝100.48
　　　　　答え　100.48 cm²
❸ ①12.56 cm
　②75.36 cm²
❹ 半径…15 cm、面積…706.5 cm²

考え方 円の面積＝半径×半径×3.14
❸ ①7×2×3.14－5×2×3.14
＝(14－10)×3.14＝4×3.14
＝12.56
②7×7×3.14－5×5×3.14
＝(49－25)×3.14＝24×3.14
＝75.36
❹ 円周の長さを 3.14 でわると、直径が求められます。半径は直径の半分です。

---

42. ⑨ 角柱と円柱の体積　　42ページ

❶ ①式　4×4×5＝80　　答え　80 cm³
　②$\frac{1}{2}$
　③式　80÷2＝40　　答え　40 cm³
　④式　4×4÷2×5＝40
　　　　　答え　40 cm³
❷ ①式　10×5÷2×4＝100
　　　　　答え　100 cm³
　②式　30×6＝180　　答え　180 cm³

考え方 ❷ 角柱の体積＝底面積×高さ

1 ①式　$8 \div 2 = 4$
$4 \times 4 \times 3.14 = 50.24$
　　　答え　$50.24 \ cm^2$
②式　$50.24 \times 5 = 251.2$
　　　答え　$251.2 \ cm^3$

2 ①式　$3 \times 3 \times 3.14 \times 8 = 226.08$
　　　答え　$226.08 \ cm^3$
②式　$5 \times 5 \times 3.14 \times 10 = 785$
　　　答え　$785 \ cm^3$

3 式　$600 \div 50 = 12$　　答え　$12 \ cm$

4 式　$(6 \times 3 + 4 \times 3) \times 5 = 150$
　　　答え　$150 \ cm^3$

> **考え方** **4** 底面積を次のようにして体積を
> 求めることもできます。
> $(6 \times 4 + 3 \times 2) \times 5 = 150$
> $(6 \times 6 - 3 \times 2) \times 5 = 150$

44. ⑨ 角柱と円柱の体積 44 ページ

1 ①式　$8 \div 2 = 4$
$4 \times 4 \times 3.14 \times 12 = 602.88$
　　　答え　$602.88 \ cm^3$
②式　$(6 \times 7 - 4 \times 5) \times 3 = 66$
　　　答え　$66 \ cm^3$

2 ①式　$6 \times 8 \times 10 = 480$
　　　答え　$480 \ cm^3$
②式　$12 \times 10 \div 2 \times 10 = 600$
　　　答え　$600 \ cm^3$
③式　$12 \times 10 \div 2 = 60$
$480 \div 60 = 8$　　答え　$8 \ cm$

> **おうちのかたへ** 四角柱や三角柱などの角柱も、円柱
> も、体積は、底面積×高さ　で求めるこ
> とができます。

45. ⑩ およその面積と体積 45 ページ

1 ①正方形
②式　$500 \times 500 = 250000$
　　　答え　約 $250000 \ m^2$

2 式　$(250 + 100) \times 200 \div 2 = 35000$
　　　答え　約 $35000 \ m^2$

②式　$9 \times 9 \times 3.14 \times 10 = 2543.4$
　　　答え　約 $2543.4 \ cm^3$

> **考え方** **2** 台形とみます。

46. ⑪ 比例と反比例 46 ページ

1 ①5、5、40、$\frac{1}{2}$、$\frac{1}{2}$、12
②⑦4　　　　　　　　①12
⑦20　　　　　　　　㋔28

2 ①比例している。
理由　x の値が2倍、3倍、…になると、
それにともなって y の値も2倍、
3倍、…になるから。
②倍…$\frac{8}{3}\left(2\frac{2}{3}\right)$倍、重さ…24 g

> **考え方** **2** ②重さは、3枚のときが9gだ
> から、$9 \times \frac{8}{3} = 24 (g)$

47. ⑪ 比例と反比例 47 ページ

1 ①4、4　　②4　　　③$y = \boxed{4} \times x$
2 ①比例する。　　②7g
③$y = 7 \times x$　　④140 g

48. ⑪ 比例と反比例 48 ページ

1 ①

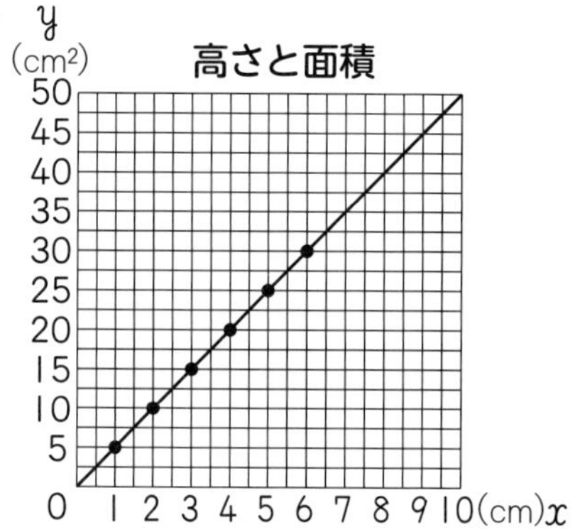

高さと面積

②⑦0のとき…0
①4.5のとき…22.5
③(グラフは上の図)
④$\boxed{直線}$ になり、$\boxed{0}$ の点を通る。
⑤8.5 cm

❶ ①$y=60×x$

②

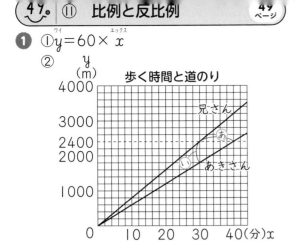

③兄さん　　④10分　　⑤30分後

考え方 ❶ ③グラフのかたむきが急なほど、歩く速さは速いです。
④兄さんとあきさんが2400m歩いたときの時間を、グラフから読み取ります。
（②のグラフの⑱）
⑤同じ時間歩いたときの、道のりの差が600mになるところを、グラフから読み取ります。
（②のグラフの⑰）

❶ ①㋐30　　㋑10　　㋒3　　㋓1500
②㋔30　　㋕10　　㋖3　　㋗1500

❷ 式　$15÷10=1.5$
　　$1.5×600=900$
　　　　答え　くぎを900g用意する。

❶ ①$y=60×x$
②式　$850=60×x$
　　　$x=850÷60=14.16…$
　　　　　　　答え　約14分後

❷ ①㋐3.5　　　㋑3.5
②式　$100×3.5=350$
　　　350cm＝3.5m　答え　3.5m

❶ ①㋐1400　　㋑600　　㋒5600
②$y=7×x$

$x=9100÷7=1300$
　　　　　答え　1300g

❷ ①（正方形の）まわりの長さ
②（歩いた）道のり
③（長方形の）面積

❸ 式　$85÷5=17$
　　$34÷17=2$　　　答え　2m

考え方 ❸ 長さをxm、重さをygとすると、
　　　$y=17×x$
と表すことができます。

❶ ①㋐$\frac{1}{2}$　　㋑$\frac{1}{3}$　　㋒$\frac{1}{4}$　　㋓$\frac{1}{2}$
②$\frac{1}{2}$、$\frac{1}{3}$、$\frac{1}{4}$
③反比例している。

❷ ①反比例している。
②xの値が2倍、3倍、…になると、それにともなってyの値が$\frac{1}{2}$倍、$\frac{1}{3}$倍、…になるから。

❶ ①㋐4　　　　㋑3　　　　㋒2
②逆数

❷ ①

x	2	3	4	9
y	18	12	9	4

②

x	5	10	25	50
y	10	5	2	1

❶ ①速さ×時間＝道のり
　　$x × y ＝1200$
②$y=1200÷x$
③式　$10=1200÷x$
　　　$x=1200÷10$
　　　$=120$
　　　　　答え　分速120m

理由 x の値が2倍、3倍、…になると、それにともなって y の値が $\frac{1}{2}$ 倍、$\frac{1}{3}$ 倍、…になるから。

②本の全体のページ数

③$y=240\div x$

④10

⑤5

考え方 ② ④$y=240\div24=10$

⑤$48=240\div x$

$\quad x=240\div48=5$

56。⑪ 比例と反比例 （56ページ）

❶ ①$y=24\div x$

②

x(L)	1	2	3	4	6	8	12	24
y(分)	24	12	8	6	4	3	2	1

③④

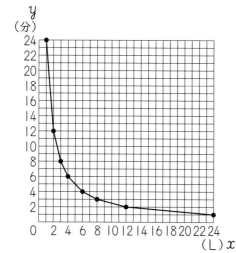

57。⑪ 比例と反比例 （57ページ）

❶ ①△ ②○ ③×

❷ ①10 cm ②$y=10\times x$ ③10 時間

❸ ①

底辺 x(cm)	1.5	4	6	9.6	16	20
高さ y(cm)	32	12	8	5	3	2.4

②（平行四辺形の）面積

③$y=48\div x$ ④2

考え方 ❶ x と y をそれぞれ次のように決めて、y を x の式で表すと

①縦の長さを x cm、横の長さを y cm
$\rightarrow x\times y=40$
$\rightarrow y=40\div x$

②横の長さを x cm、面積を y cm²
$\rightarrow 6\times x=y$
$\rightarrow y=6\times x$

③縦の長さを x cm、横の長さを y cm
$\rightarrow 2\times(x+y)=40$
$\rightarrow x+y=20$
$\rightarrow y=20-x$

❸ x が6のとき y が8だから、この平行四辺形の面積は $6\times8=48$（cm²）であることがわかります。平行四辺形で、面積を変えないとき、高さ y cm は底辺 x cm に反比例します。

58。拡大図と縮図／データの調べ方／円の面積 （58ページ）

🌟 ①1.5 倍

②辺 AE の長さ…5.4 cm

角 D の大きさ…60°

角 E の大きさ…75°

🌟 ⑦4.3 回 ⑦4.5 回

🌟 ①2 倍

②⑦28.26 cm² ⑦113.04 cm²

③4 倍

59。角柱と円柱の体積／およその面積と体積／比例と反比例 （59ページ）

🌟 ①96 cm³

②84.78 cm³

🌟 式 $3\times3\times3.14\times10=282.6$

答え 約 282.6 cm³

🌟

x(m)	1	2	4	6	8
y(円)	45	90	180	270	360

式 $y=45\times x$

🌟 ①480 m

②15 分

考え方 🌟 底面の直径が6cm、高さが10cmの円柱とみて求めます。

❶ ①

1	2	3	4
1	2	4	3
1	3	2	4
1	3	4	2
1	4	2	3
1	4	3	2

②

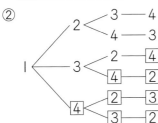

③6通り

④24通り

❷ ①
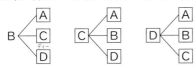

②6通り

❶ ①会長 書記　会長 書記　会長 書記

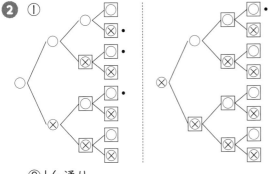

②12通り

❷ ①

②16通り

③4通り

考え方 ❷ ③1枚だけ裏が出るのは、上の樹形図で・をつけた場合で、4通りあります。

---

❶ ①

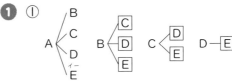

②4試合

③

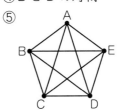

	A	B	C	D	E
A		○	○	○	○
B			○	○	○
C				○	○
D					○
E					

④BとDの対戦

⑤

⑥AとBの対戦

⑦10通り

❶ ①A —C

②B —C

③3通り

❷

赤	青	黄	緑
○	○	○	
○	○		○
○		○	○
	○	○	○

❸ ①3通り

②A市→B市　B市→C市

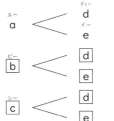

③6通り

考え方 ❷ 選ばない1枚を決めると考えて、組み合わせをつくることもできます。

❶
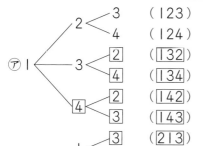
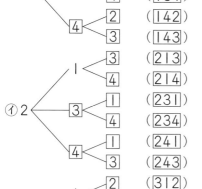
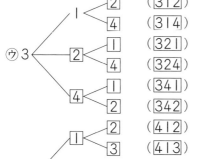

㋐1
- 2 ── 3 （123）
- 　 ── 4 （124）
- 3 ── 2 （132）
- 　 ── 4 （134）
- 4 ── 2 （142）
- 　 ── 3 （143）

㋑2
- 1 ── 3 （213）
- 　 ── 4 （214）
- 3 ── 1 （231）
- 　 ── 4 （234）
- 4 ── 1 （241）
- 　 ── 3 （243）

㋒3
- 1 ── 2 （312）
- 　 ── 4 （314）
- 2 ── 1 （321）
- 　 ── 4 （324）
- 4 ── 1 （341）
- 　 ── 2 （342）

㋓4
- 1 ── 2 （412）
- 　 ── 3 （413）
- 2 ── 1 （421）
- 　 ── 3 （423）
- 3 ── 1 （431）
- 　 ── 2 （432）

㋔24 通り

❷ ①

みかん／バナナ／ぶどう／かき／りんご／なし

②15 通り

❶ ①2、入れかえる、4、2
②2、入れかえる、4、3、2
③2、入れかえない、4、3、2、1

❷ アルゴリズム

考え方 ❶ ③では、今の数＞次の数だから、数は入れかえません。

❶ ①340200000　②6546こ
③3億　　　　④2300

❷ ①30.27　②0.1　　③3.16
④250　　⑤0.135　　⑥$\frac{2}{5}$
⑦300こ

❸ ①0.875　②3.2　③$\frac{53}{100}$　④$\frac{29}{10}\left(2\frac{9}{10}\right)$

❹ ①1.5　　②2.6　　③4
④$\frac{1}{4}$　　⑤$\frac{15}{4}\left(3\frac{3}{4}\right)$

❶ ①20.1　②17.04　③0.3　④1.6

❷ ①$\frac{3}{5}$　　　　②$\frac{7}{9}$
③$2\frac{1}{2}\left(\frac{5}{2}\right)$　　④$\frac{1}{6}$

❸ ①58　　　　②0.9

❹ ①29　　　　②$\frac{8}{5}\left(1\frac{3}{5}\right)$

❺ ①$500-x=y$　②$x+150=y$

❶ ①3900　②15　　③30.38
④8.61　⑤9.6　　⑥6　　⑦$\frac{4}{5}$
⑧4　　　⑨$\frac{5}{6}$　　⑩$\frac{40}{7}\left(5\frac{5}{7}\right)$

❷ ①147　　　②1

❸ ①$x\div5=y$　②$x\times1.3=y$

❹ ①最小公倍数…56、最大公約数…2
②最小公倍数…72、最大公約数…6

❺ ①1600　　②24000

考え方 ❷ ①$15\times9.8=15\times(10-0.2)$
$=15\times10-15\times0.2=150-3$
$=147$
②$\left(\frac{7}{8}-\frac{5}{6}\right)\times24=\frac{7}{8}\times24-\frac{5}{6}\times24$
$=21-20=1$
❺ ①十の位を四捨五入します。

1

	①正方形	②長方形	③台形	④平行四辺形	⑤ひし形
2本の対角線の長さが等しい	○	○			
2本の対角線が垂直に交わる					○
対角線が交わった点から4つの頂点までの長さが等しい	○	○			
対角線がそれぞれのまん中の点で交わる	○	○		○	○

2 ① $\dfrac{1}{2}$　　　　②2

3 ①

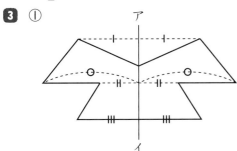

②

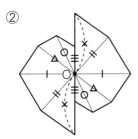

4 ①65°　　　　②110°

考え方 **4** ①180−(40+75)=65
②360−(90+130+70)=70
180−70=110

1 ①25 cm²　　　　②17.5 cm²
③13.5 cm²

2 ①まわりの長さ…56.52 cm
面積…254.34 cm²
②まわりの長さ…34.26 cm
面積…42.39 cm²

3 ①式　3×6×3=54　　答え　54 cm³
②式　3×3×3.14×5=141.3
答え　141.3 cm³
③式　(3×13+3×5)×5=270
答え　270 cm³

1 ①0.6 cm　　　　②4000 m
③5020 g　　　　④0.03 kg

2

x(個)	1	2	3	4	5	6	
y(個)	1	3	6	10	15	21	

3 ①△　　　　　　②○

4 ① $y=18÷x$　　②$y=50×x$

5 ① $y=15×x$

②

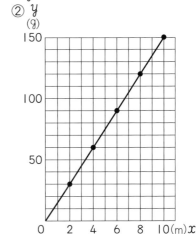

考え方 **2** $x=3$ のとき　$y=1+2+3$
$x=4$ のとき　$y=1+2+3+4$　となっています。

1 ①㋐式　(88+96)÷2=92
答え　92点
㋑式　(80+82+100+85+78)
÷5=85　　答え　85点
②式　90×3−(98+84)=88
答え　88点
③式　(92×2+85×5+90×3)
÷10=87.9
答え　87.9点

2 あきらさん

3 ①1200÷6=200　答え　分速200 m
②1時間40分=$\dfrac{5}{3}$時間
30×$\dfrac{5}{3}$=50　　　答え　50 km
③3.5 km=3500 m
3500÷70=50　　答え　50分

95

$1800÷2.5=720$

答え　時速 720 km

②$720÷60=12$　　答え　分速 12 km

73. ⑬ 算数のしあげ　73ページ

1 ①$27$%　②$400$%　③$2.5$　④$0.041$

2 ①$4$　　②$30$　　③$60$　　④$650$

3 ①$\dfrac{5}{9}$　　　　②$5:6$　　　③$27$

4 式　$150×\dfrac{2}{5}=60$　　答え　60 cm

考え方 **2** ①$50×0.08$
②$3÷10×100$
③$24÷0.4$
④$500×1.3$

74. ⑬ 算数のしあげ　74ページ

1 ①

利用者	人数(人)	百分率(%)
小学生	28	14
中学生	40	20
高校生	64	32
大学生	32	16
その他	36	18
合計	200	100

②

③$2$ 倍

2 ①ヒストグラム(柱状グラフ)
②$16$ 人
③$29$ kg 以上 31 kg 未満
④$25$ %

3 ①$7$ 点　　②$6.5$ 点　　③$6$ 点

75. ⑬ 算数のしあげ　75ページ

1 ①あ図…①、式…ウ
い図…ア、式…エ
②三角形の 3 つの角の大きさの和
③中にとった点のまわりの角の大きさの和

2 式　$(30-1)×4=116$　答え　116 個

76. 対称な図形／文字と式／分数×整数、分数÷整数、分数×分数／分数÷分数／分数の倍　76ページ

1

	長方形	正方形	正三角形	平行四辺形	ひし形
線対称	○	○	○	×	○
点対称	○	○	×	○	○
対称の軸の数	2	4	3	なし	2

3 ウ

4 ①$\dfrac{2}{3}$　　②$\dfrac{5}{3}\left(1\dfrac{2}{3}\right)$　　③$\dfrac{3}{8}$
④$2$　　⑤$\dfrac{50}{7}\left(7\dfrac{1}{7}\right)$　　⑥$11$

5 式　ドーナツの値段を x 円とする。

$$x×\dfrac{8}{3}=480$$

$$x=480÷\dfrac{8}{3}$$

$$=180$$　　　答え　180 円

考え方 **4** ⑤$\dfrac{5}{4}×\dfrac{12}{7}÷0.3$

$$=\dfrac{5}{4}×\dfrac{12}{7}÷\dfrac{3}{10}=\dfrac{5}{4}×\dfrac{12}{7}×\dfrac{10}{3}$$

$$=\dfrac{5×12×10}{4×7×3}=\dfrac{50}{7}\left(7\dfrac{1}{7}\right)$$

⑥$\left(\dfrac{5}{8}-\dfrac{1}{6}\right)×24=\dfrac{5}{8}×24-\dfrac{1}{6}×24$
$$=15-4=11$$

77. 比／拡大図と縮図／データの調べ方／円の面積　77ページ

1 ①$\dfrac{6}{5}$　　　　　　②$\dfrac{3}{10}$

2 ①$5:6$　　　　　　②$4:9$

3 式　$24×\dfrac{15}{4}=90$　　　　答え　90 g

4 ①$\dfrac{1}{1000}$　　　　②$400$ m
③$7900$ m²

5 ①

6 式　$6×6×3.14=113.04$
答え　113.04 cm²

78. 角柱と円柱の体積／比例と反比例／並べ方と組み合わせ方　78ページ

1 ①式　$3×4=12$　　　　答え　12 m³
②式　$22.5×6=135$　　答え　135 cm³
③式　$5×5×3.14÷2×12=471$
答え　471 cm³

2 ①ア比例している。　①反比例している。
②ア$y=2×x$　　　①$y=42÷x$

3 ①$24$ 通り　　　　②$6$ 通り